再生水入渗对地下水环境影响的研究

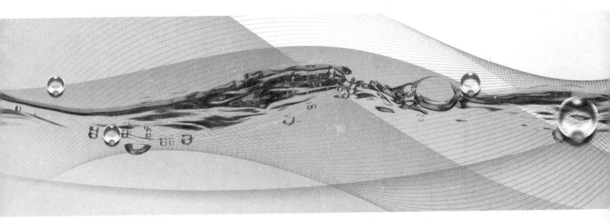

梁藉　孟庆义　刘立才　郑凡东　孙涛　著

中国水利水电出版社
www.waterpub.com.cn

内 容 提 要

  本书介绍了典型地区的再生水作为景观用水对地下水环境影响的研究成果。本研究过程中将野外物探、钻探与室内试验相结合，野外监测与室内技术模拟相结合，查阅国内外再生水回灌地下水文献及相关实验成果，综合分析并建立了水源地水质预警体系，并在此基础上提出地下水源区再生水用于河道景观水质标准的建议，制定再生水排入河道的各项措施。

  本书可供水文水资源、地下水科学与工程等专业的研究、规划、设计人员使用。

图书在版编目（ＣＩＰ）数据

再生水入渗对地下水环境影响的研究 / 梁藉等著
. -- 北京 ：中国水利水电出版社，2013.11
ISBN 978-7-5170-1410-2

Ⅰ．①再… Ⅱ．①梁… Ⅲ．①再生水－下渗－影响－
地下水－水环境－研究 Ⅳ．①P641.139

中国版本图书馆CIP数据核字(2013)第274789号

书　　名	**再生水入渗对地下水环境影响的研究**
作　　者	梁藉　孟庆义　等著
出版发行	中国水利水电出版社
	（北京市海淀区玉渊潭南路1号D座　100038）
	网址：www.waterpub.com.cn
	E-mail：sales@waterpub.com.cn
	电话：(010) 68367658（发行部）
经　　售	北京科水图书销售中心（零售）
	电话：(010) 88383994、63202643、68545874
	全国各地新华书店和相关出版物销售网点
排　　版	中国水利水电出版社微机排版中心
印　　刷	北京嘉恒彩色印刷有限责任公司
规　　格	184mm×260mm　16开本　10.75印张　255千字
版　　次	2013年11月第1版　2013年11月第1次印刷
印　　数	0001—1200册
定　　价	**58.00元**

前　言

　　再生水利用是缓解全球性水资源短缺的重要途径之一。世界上许多国家和地区，如美国、以色列、日本、新加坡、澳大利亚等，都已开展了城市污水再生利用，并取得了良好的效果，再生水资源管理条例、规章制度及水质标准不断完善。

　　美国是世界上最早进行污水再生回用的国家之一，佛罗里达州和加利福尼亚州等在再生水利用方面位于世界前列。以佛罗里达州为例，从1972年州议会决议开始实施污水的循环利用和深井回灌后，再生水利用体系得到了迅速发展。在2011年，该州再生水利用量9.98亿 m³，占污水处理量的49%，其中15%用于地下水回灌。在我国，许多北方缺水城市如北京、天津、大连等都已开展了较大规模的再生水回用工程，也取得了良好的成效。北京市从2003年开始大力推进再生水用于工业、农业、环境及市政杂用等领域。截至2008年，北京市年再生水利用量达到了 6 亿 m³，首次超过地表水供应量。预计到2020年，北京市再生水利用量将超过10亿 m³，利用率达到70%以上，再生水已成为北京市的有效新增水源之一。

　　再生水对地下水的影响主要通过两种途径实现：一是再生水直接回灌补充地下水，另一种是用于河道景观或农业灌溉时，再生水中的污染物可能会随着水分渗滤进入地下水含水层。目前，我国还没有再生水直接回灌地下水的应用实例。但随着城市再生水的大规模利用，再生水对地下水的自然入渗补给将成为一种普遍现象。因此，研究再生水对地下水环境的影响十分重要，对于大幅度提高再生水利用率和缓解具有地下水超采带来的系列问题具有重要的现实意义。

　　本书是在北京市重大科技计划项目"北京市地下水资源安全评价及污染防控技术研究与示范"（D07050601490000）课题三"典型污染区污染防控与修复技术研究及示范"的研究基础上编纂而成。该研究以北京市密云县与怀柔区两处再生水景观利用河道为研究对象，通过布置地表水及地下水监控断面，监测再生水入渗区水量和水质的变化。综合采用地下水水化学方法与同位素方法分析地下水动力场和水质变化规律。在分析研究区水文地质条件及全面调查研究区污染源分布的基础上，建立地下水渗流与水质耦合模型，预测再生水入渗对下游地下水水源区的影响。根据实测数据和模型预测结果评价地下水补给区再生水利用的安全性，建立监测预警体系和相应的技术标准，提出再生水排入河道的各项措施和建议。

本书由梁藉负责全书统稿，刘立才、郑凡东审核，孟庆义审定成稿。参加本书编写的还有北京市水科学技术研究院的李炳华、郭敏丽、廖日红、杨淑慧、张霓、韩丽、王远航、王培京、刘操、吴晓辉、金桂琴、贺晓庆、胡秀琳、许志兰、何刚、李垒、赵立新、顾永钢、黄赟芳、战楠。中国科学院地理科学与资源研究所的张应华、于一雷，中国水利水电科学研究院的孙涛、鲁帆给予了帮助。本书得到了项目负责单位刘培斌、贺国平等的指导和支持。此外，在本书编写过程中，还参考了其他一些单位及个人的研究成果，在此表示真诚的感谢。

再生水入渗对地下水环境的影响是再生水利用的一个重要方向，它的研究不仅涉及水文地质学等领域，还涉及环境水化学、微生物学等领域，具有明显的多学科交叉渗透的特点。它的研究不仅可以推动再生水的安全利用，而且还可以促进学科交叉发展。因此希望本书能起到抛砖引玉的作用，引导更多的研究人员从事到该领域的研究中来。

由于作者水平有限，书中错误和纰漏在所难免，恳请各位读者对本书的不足之处给予批评指正。

作者

2013 年 10 月

符 号 对 照 表

符号	文字
N	氮
P	磷
NH_3-N	氨氮
TN	总氮
TP	总磷
NO_3-N	硝酸盐氮
CEC	阳离子交换量
DO	溶解氧
SS	悬浮物
NO_2-N	亚硝酸盐氮
TOC	总有机碳
BOD_5	生化需氧量
COD_{Mn}	高锰酸钾指数
Eh	氧化还原电位
BBP	邻苯二甲酸丁基苄基酯
DMP	邻苯二甲酸二甲酯
DnBP	邻苯二甲酸二正丁酯
DnOP	邻苯二甲酸二正辛酯
DEHP	邻苯二甲酸二（2-乙基己基）酯
PAHs	多环芳烃
VOCs	挥发性有机物
OCPs	有机氯农药
PAEs	邻苯二甲酸酯

目 录

第 1 章 绪 论

再生水入渗补给地下水可以有效地增加地下水资源的存储量，较好地利用含水层的储水空间，起到年度和年际间的调节作用。再生水入渗补给地下水将成为再生水利用的一个重要方向，它的研究不仅涉及水文地质、水文地球化学等领域，还涉及环境水化学、微生物学等领域，具有明显的多学科交叉渗透特点，是地表水—土壤水—地下水资源转化研究领域的一个新的重要研究方向。它的研究不仅可以推动规模化再生水涵养地下水，而且还可以促进学科交叉发展。

1.1 研究背景与意义

近年来，我国城市污水处理能力得到了突飞猛进的增长，截至 2009 年一季度[1]，已建成并投入运营的污水处理厂共 1590 座，设计日处理规模已达 9000 多万 m^3，日实际处理量近 7000 万 m^3，年处理污水量将达 250 亿 m^3，约占全国城市供水总量的 50%。但是，我国污水再生利用率还相当低，根据城市污水再生利用规划，到 2015 年北方地区缺水城市要达到 20%～25%，南方沿海缺水城市要达到 10%～15%。按照发达国家的水平计算，如果污水再生利用率能够达到 70%，则我国每年还有近 150 亿 m^3 的再生水资源可以得到开发利用，潜力非常巨大。但是，再生水与其他水源相比，物理、化学性质有显著差异，如何避免再生水大规模应用对水环境产生的负面影响，是目前急需解决的问题。

近 30 年来，我国地下水开采量以每年 25 亿 m^3 的速度递增，有效保证了经济社会的发展需求。但是，北方和东部沿海地区地下水超采越来越严重。初步统计，全国已形成大型地下水降落漏斗 100 多个，面积达 15 万 km^2，超采区面积 62 万 km^2，严重超采城市近 60 个，造成众多泉水断流，部分水源地枯竭。地下水超采区主要分布在华北平原（黄淮海平原）、山西六大盆地、关中平原、松嫩平原、下辽河平原、西北内陆盆地的部分流域（石羊河、吐鲁番盆地等）、长江三角洲、东南沿海平原等地区。华北平原最为严重，河北平原和北京市平原区地下水超采量累计分别达到 500 亿 m^3 和 60 亿 m^3；由于严重的地面沉降，天津市已不能继续超采地下水。长期持续超采造成华北平原深层地下水水位持续下降，储存资源不断减少，目前有近 7 万 km^2 面积的地下水位在海平面以下；沧州市深层地下水漏斗中心区水位最大下降幅度近 100m，低于海平面超过 80m，地下水储存资源濒于枯竭。由于地下水开采引起的地面塌陷、海水入侵等问题不容忽视。

基于上述背景，污水资源化用于河道，河道的天然下渗补充地下水，对于水资源可持续利用、水资源的优化配置意义深远。再生水深度处理回补地下水、土壤对于不同污染物的吸收、净化效果，国内外不同领域的学者、研究人员开展过大量的室内试验进行研究，取得了部分研究成果，但仍属于探索阶段，不能很好地用于生产实际，不能作为政府决策的依据和参考。因此，研究再生水涵养地下水的处理和回补方式、污染物的实际迁移转化规律等，对于大幅度提高再生水利用率和缓解地下水超采带来的系列问题具有重要的现实意义。

1.2 国外再生水入渗补给地下水发展现状

再生水通过土壤含水层处理系统后回灌补给地下水已经在世界上很多国家得到应用。在欧洲利用天然渗漏河床进行污水回灌已有 100 多年历史，即便是人工回灌也有半个世纪的时间。美国、以色列、德国、荷兰、奥地利、日本等国在再生水回灌方面开展了大量工作，取得了丰富的经验。

1.2.1 美国

20 世纪 70 年代初，美国引进了污水的再生回用计划，开始大规模回用污水，其大部分城市在保护环境的运动中，将其污水处理厂更名为水回用厂。在加利福尼亚州、佛罗里达州、夏威夷州和华盛顿州的法规和指南中都有关于再生水补给地下水的规定。其中佛罗里达州与华盛顿州提出了再生水用于地下水补给时对水质和处理方法的要求。加利福尼亚州和夏威夷州没有规定再生水补给地下水时的污水处理方法，而是针对实际情况来确定。加利福尼亚州和夏威夷州健康服务署对补给工程的所有相关方面进行评估，主要包括处理方法、污水水质与水量、补给区面积、水文地质条件等。

加利福尼亚州洛杉矶县的地下水回灌工程位于洛杉矶县东南部，是比较典型的地表漫灌的应用实例之一。回灌工程是地下水补给的主要水源，是洛杉矶市地区的主要水体。在 2002～2003 年间，San Jose 再生水厂三级处理的再生水以 $194 \times 10^3 \, m^3/d$ 被用于地下水补给。从再生水厂出来的再生水被排放到河流或者小溪中，自然流动到远离河道的回灌水池中，完全通过自然入渗的方式涵养地下水。

加利福尼亚州橘子县为了防止海水入侵，1972 年兴建了当时最大的污水深度处理厂（21 世纪水厂），设计能力为 $56780 m^3/d$，再生工艺为：化学澄清、再碳酸化、活性炭吸附、反渗透、加氯，于 1976 年运行。21 世纪水厂的净化水通过 23 座多套管井，81 个分散回灌点将再生水注入 4 个蓄水层，注水井位于距太平洋约 5.6km 的地方，再生水与深层蓄水层井以 2：1 比例混合。该再生水回灌工程至今已成功仍在正常运行。该再生水厂和再生水补给地下水系统是一个成功的再生水回用工程，根据其实践经验，加利福尼亚州健康署还制定了再生水补给地下水工作指南，为其他再生水补给地下水工程提供依据。

在美国德克萨斯州的埃尔帕索，面对日益减少的含水层地下水供水量，该地区在 1985 年，将再生水以超过 $38 \times 10^3 \, m^3/d$ 的速度回补到 Hueco Bolson 含水层。最终，这些再生水估计经过 2～6 年的迁移后进入城市饮用水系统，虽然目前回灌入渗补给的再生水只占整个含水层体积的一小部分，但是长期的目标是为埃尔帕索提供需水总量的 25％。

1.2.2 以色列

以色列是再生水回用方面最具特色的国家。它地处干旱和半干旱地区，人均水资源占有量仅为 476m³。早在 20 世纪 60 年代便将污水利用列为一项国家政策,目前已建成 200 个规模不等的污水回用工程,全国共建有 127 座污水库,4 座为地下蓄水库,并做到了再生水与其他水源水联合调控使用❶。其主要对策是农业节水和城市再生水回用。占全国污水处理总量 46% 的出水直接回用于灌溉,其余 33.3% 和约 20% 分别回灌于地下或排入河道,再生水回用程度堪称世界第一。目前,以色列 100% 的生活污水和 72% 的市政污水得到了回用。

以色列沿海平原位于地中海南岸,含水层主要由隔层砂、砂石、石灰质砂石、泥沙、红土、黏土等 6 种土壤组成。黏土将西部含水层分为 4~6 层,距离海岸线 5~8km,中部和东部地区为均质含水层,砂土与石灰质砂石的高渗水性保证了回灌水从非饱和带的快速迁移。

Dan 地区污水再生工程位于特拉维夫南部,污水来自特拉维夫以及邻近的一些自治市,该区域人口约 210 万人,每年产生的污水量 1.2 亿 m³,污水再生工程主要包括污水收集、处理、地下水回灌和回用,从回收井抽取的地下水主要输送到南部沿海平原以及北部的内盖夫地区,回用于农田灌溉。该项目是以色列最大的污水回用项目,也是世界上最大的污水回用项目之一。

Dan 地区污水再生工程先后经过几次扩建,最近一次扩建是在 2003 年,扩建后回灌点增加到 5 个,年回用水量可达 1.4 亿 m³。该地区的地下水回灌工程也是 SAT 系统成功运行的一个案例,回灌的再生水通过渗流区垂直下渗进入饱和区,再生水在 SAT 系统的停留时间可达 6~12 个月,从而可以保持回用水较好的水质。

1.2.3 德国

德国是欧洲开展再生水回灌较早的国家。德国回灌地下水主要有两种方法:一种是采用天然河滩渗漏;一种是修建渗水池、渗渠、渗水井等工程措施实施回灌。

早在 20 世纪 60 年代,德意志联邦(原西德)就利用被污染的河水通过由砂、砾石构成的河床实施地下水补给,通过与河道相隔一定距离的井取用循环后的地下水,取水量占总供水量的 14%。

德国许多水厂使用渗漏工程产生人工地下水,在整个国家使用这种方法生产的水占城市水厂总供水量的 12%。其主要方法是修建渗水池(如北鲁尔—维斯特伐利亚工业区)、渗渠(如汉堡—柯尔斯拉克厂)和渗水井(如威斯巴登—希尔斯坦水厂),将河水(受到轻度污染)通过渗漏工程回灌地下产生人工地下水。德国柏林将经过生物净化的污水投加氯化铁与助凝剂絮凝沉淀后,投加臭氧将有机物氧化,降解有机分子,同时杀灭细菌,再经无烟煤过滤,最后进行地下水回灌,经地质净化后作为饮用水重新抽取出来,该示范工程早在 20 世纪 70 年代已建成投入使用。

Langen 市为解决地下水位下降问题,将污水处理厂的二级出水通过曝气、沉淀、砂滤池过滤、臭氧氧化、活性炭吸附等措施深度处理后,利用土壤渗滤回灌补充地下水,该设施于 1979 年投入运行。

---

❶ 城市污水资源化暨地下水回灌技术国际研讨会文集 [C]. 北京:清华大学,2000。

综上可知再生水回灌地下在国外已经得到广泛应用,实践经验表明:再生水入渗补给地下水,体现了减量化、无害化的原则和可持续发展的战略思想,是扩大污水回用最为有益的方式。

1.3 我国再生水利用发展现状及存在问题

中国现在是世界上污水排放量最大的国家,也是污水排放量增长速度最快的国家之一。对污水处理和再生水利用将是我国未来水利科学研究的重要课题之一。我国再生水利用起步虽晚,但随着城市污水处理率的不断提高,以及水资源短缺加剧,城市再生水利用发展非常迅速。"十五"期间,开展了城市污水再生利用政策、标准和技术研究与示范的系列研究,并于 2002~2005 年先后出台了 GB/T 18919—2002《城市污水再生利用分类》,GB/T 18920—2002《城市污水再生利用城市杂用水水质》,GB/T 18921—2002《城市污水再生利用景观环境用水水质》,GB/T 18923《城市污水再生利用补充水源水质》,GB/T 19923—2005《城市污水再生利用工业用水水质》,GB/T 19772—2005《城市污水再生利用地下水回灌水质》系列标准。同时,在北京、天津、西安、合肥、石家庄和青岛等地建立起一批再生水景观环境示范工程,极大地推动了再生水利用。这期间的再生水利用主要以农业灌溉、工业利用、景观用水、城市杂用为主,而对于再生水入渗的研究主要处于实验阶段。

以北京为例,20 世纪 90 年代末,以高碑店污水处理厂再生水回用项目建成为标志,开始了再生水利用第一阶段。到 2011 年北京市再生水利用量已达 7.1 亿 m^3,利用率为 60%,其中:农业灌溉用水 3 亿 m^3,工业冷却循环用水 1.4 亿 m^3,市政用水 0.4 亿 m^3,环境用水 2.3 亿 m^3。2005 年《北京市节约用水办法》颁布实施,进一步明确"统一调配地表水、地下水和再生水",首次将再生水正式纳入水资源进行统一调配,成为重要的组成部分。正是在政策的推动下,北京市再生水利用规模不断扩大。根据规划,到 2015 年,北京中心城将建成 13 座中水厂,中水生产能力将达到 230 万 m^3/d,年再生水利用量将达到 10 亿 m^3。拓展再生水利用渠道,充分利用再生水资源是今后一段时期内发展的主要方向。为拓宽再生水利用渠道,加强再生水利用,2006 年北京市组织实施了温榆河水资源利用工程,该工程将温榆河城市污水经过膜生物反应器(MBR)处理后的再生水输送至顺义城北减河,用于城北减河和潮白河环境用水,同时增补地下水水源,2007 年 10 月建成通水后,每年有 3800 万 m^3 的再生水流入潮白河,目前已形成 300 万 m^3,约 1.5 个昆明湖大的水面景观。该工程开启了中国再生水地表入渗回灌增补地下含水层的实践。按照北京市有关部门的规划,今后几年内将进一步拓展再生水利用计划,将北运河城市污水深度处理后调到潮白河上游,将清河和小红门污水处理厂的再生水调往永定河。这一系列工程中,利用再生水入渗涵养地下水都将成为其主要目的之一。

在再生水应用方面,北京市在全国处于领先水平。通过"十一五"期间水专项课题的研究和实施,提出了污水处理工艺改选方案和运行的调控策略,基本解决再生水生产工艺和技术问题。2011 年北京市再生水利用量 7.1 亿 m^3,比上年新增 0.3 亿 m^3,再生水利用量已占全市总用水量的 19%,成为北京市稳定可靠的"第二水源"。连续三年超过地表水用水量，成为北京市稳定可靠的新水源。"十二五"期间，北京市面临再生水大规模回用于景观及地下水涵养的趋势。

1.4 研究内容及技术路线

1.4.1 研究内容

本研究选择密云再生水补给区，布置监控断面，监测再生水入渗区水量和水质变化，建立地下水渗流与水质耦合模型，预测再生水入渗对下游地下水水源区的影响。根据实测数据和模型预测结果评价地下水补给区再生水利用的安全性，建立相应的技术标准和监测预警体系，在此基础上提出再生水排入河道的各项措施和建议。

综上所述，确定主要研究内容如下：

（1）再生水对地下水环境影响的跟踪监测网建设。选择密怀顺平原再生水回用区，收集研究区水文地质资料，根据收集的资料与现场调查分析（包括水文地质钻探），查明研究区的水文地质条件，包括研究区的地层岩性结构，地下水水位、水质背景值，不同含水层的地下水流向、水力坡度等。在此基础上构建地表水及地下水环境监测网，并建立合适的监测方案，对研究区地表水、再生水及地下水进行监测。

（2）污染物迁移转化规律模拟研究。对历史资料进行分析，获得不同水文地质单元的含水层渗透系数和弹性释水系数；通过室内土柱实验，分析典型溶质岩土介质中的迁移转化规律，并根据研究区空间尺度效应，获取地下水溶质运移的初始参数。构建研究区三维地层结构，建立三维渗流及溶质运移的数值模拟模型，并预测不同情景下再生水对地下水环境影响的长期变化。

（3）预警体系研究。确定地下水污染预警指标、预警模型及预警级别，建立预警数据库，结合所建立的研究区地下水流和污染物迁移转化模型及监测网，建立研究区的污染预警体系，对地下水源保护区范围内的污染事件进行预警预报。

（4）再生水用于水源区水质标准研究。在实地调查、总结实施经验和收集分析国内外相关文献资料的基础上，对水质指标进行选取，参考并分析多种标准，确定水质指标限值，作为再生水用于水源区河道景观用水建议性标准。

（5）再生水排入水源区河道各项措施研究。在研究北京市平原区再生水利用对地下水影响分区的基础上，总结再生水排入水源区河道的各种制度，提出了再生水排入河道的各项措施。

1.4.2 技术路线

本研究将采取野外物探、钻探与室内试验相结合、野外监测与室内技术模拟，查阅国内外再生水回灌地下水文献及相关实验成果，综合分析建立水源地水质预警体系，并在此基础上提出地下水源区再生水用于河道景观水质标准的建议，制定再生水排入河道的各项措施。具体技术路线如图 1-1 所示。

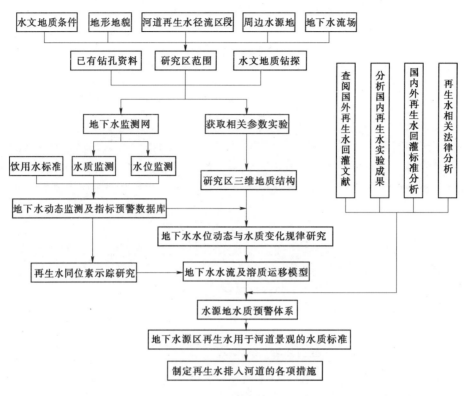

图 1-1 技术路线框图

第 2 章　再生水入渗补给地下水的风险及研究进展

再生水回用对地下水的影响可以通过两种途径实现：①再生水直接用于回灌入渗补给地下水；②再生水用于土地灌溉、河道景观时，再生水中的污染物可能会随着水分渗滤进入含水层。

2.1　再生水利用潜在风险

2.1.1　病原体

再生水中最常见的人类微生物病原体发源于肠道。肠道病原体主要是通过宿主的粪便进入环境。它可以通过两种途径进入水环境：①排便经下水道污水流入；②经土壤和地表渗入。

再生水中发现的肠道病原体类型有病毒、细菌、原生动物和蠕虫。病原体水传播风险依赖于许多因素，包括病原体数量和在水中散布状况，所需感染剂量，暴露人群的易感染性，排泄物污染水源几率，以及污水处理程度。

2.1.2　病毒

肠道病毒是再生水中存在的最小病原体。它们必须寄生于细胞中。因此，肠道病毒首先找到合适的宿主，然后感染宿主的细胞，在细胞中不断地进行自身繁殖。由于肠道病毒不具备自身繁殖能力，它们在水中并不活跃。这类病毒通常大部分散布在粪便污染水中。

在一些发达国家，通过广泛的疫苗接种，野生型脊髓灰质炎病毒已经基本上被根除。绝大多数肠道病毒的宿主范围较小，这意味着再生水中的大部分病毒只会感染人类，因此人类粪便污水是人类病毒感染关注的焦点。

2.1.3　细菌

细菌是再生水中最常见的病原体微生物。污水中存在大量的细菌病原体。细菌病原体很多起源于肠道，但是污水也存在导致非肠道疾病的细菌病原体，如军团菌、结核分枝杆菌和钩端螺旋体。细菌病原体新陈代谢旺盛，且具有自我复制能力。像其他肠道致病菌，它们常见的传播方式是通过受污染的水和食物，或者是人和人的直接接触。

2.1.4　原生动物

肠道原生病原体是单细胞真核生物病原体。肠道原生病原体脱离宿主后会进入持续休眠阶段，此时它们被称作胞囊或卵囊。在饮用水处理和污水再生利用时，原生病原体都会从水源中被分离出来。最常见的原生病原体有内阿米巴属、肠贾第虫（以前被称为梨形鞭毛虫属）和隐孢子虫。

饮用受卵囊污染的水或食物，或者人与人直接接触，都能够导致感染上述三种原生病原体。肠贾第虫和隐孢子虫普遍存在于淡水或河口水域，并且全世界很多国家都发现过这两种原生病原体。世界各地都可以检测到内阿米巴，虽然它常见于热带地区。像细菌病原体一样，各种家畜和野生动物都是原生病原体感染源。

2.1.5　寄生虫

肠虫（线虫类和绦虫）是常见的肠道寄生虫，它们通过排泄通道传播。在感染人类之前，这些寄生虫通常需要在中间宿主中生长。肠虫有很复杂的生命周期，需要在二级宿主中生长，因此不会影响到再生水。污水中会经常检测到蠕虫寄生虫，包括园虫（蛔虫）、钩蠕虫（十二指肠钩虫或美洲板口线虫）和鞭虫（毛首鞭形线虫），它们会造成很大的健康风险。这些蠕虫生命周期简单，不需要中级宿主，可以通过排泄物通道造成感染。

污水再生利用中存在的微生物病原体造成的健康风险获得了普遍关注。世界各地蠕虫感染的主要来源是使用了未经处理或部分处理的污水对农作物灌溉。在墨西哥，农民使用未经处理的污水进行灌溉农作物，他们被蠕虫感染的几率要大于普通人群。研究人员发现成年人蠕虫感染率与污水处理的程度相关，污水处理程度越高，感染率越小。

再生水和有机污泥用于谷类作物灌溉确实引起了人们对病原体感染的公共关注和商业关注。如果食用部分处理污水灌溉的蔬菜没有多大的健康风险，那么可以推测食用再生水灌溉生长的谷类作物的微生物病原体感染风险会更低。更具体地说，在人类食用之前，谷物通常经过了一定的处理，这样可进一步降低健康风险。

2.1.6　微量有机物和重金属

虽然许多国家，如澳大利亚和美国，在污水再生利用方面规定了相应的标准，但是这些标准往往将重点放在微生物病原体和营养物导致的健康风险与环境风险上。除了重金属污染物，其他微量化合物很少在再生水利用标准中提到，而杀菌剂、毒剂的副产品和药用活性化学物只是简要提到。如今研究者正关注它们可能对人类健康和环境造成的潜在风险。如果这些化学物在污水处理过程中没有完全消除，它们很可能在环境中积累，并且最终进入食物链。

重金属污染物很容易在污水处理过程中被除去。污水中绝大多数的重金属污染物在处理过程中被固化沉积，处理后的污水中仅仅残余浓度极低的重金属化合物。因此，再生水农业回用方面重金属污染物不会成为令人担忧的问题。如果再生水来源于工业废水或者是处理不完全的污水，那么重金属化学物需给予关注。这种再生水用于农业灌溉会造成土壤中大量聚集重金属离子，从而被农作物吸收。据调查，纤维作物，如亚麻和棉花，如果种植在重金属污染的土壤中，它们会吸收大量重金属离子，最终会导致减产。如果水稻生长的稻田直接用造纸厂的工业废水灌溉，稻粒中重金属含量会很高且不能食用，因此会对大米为主要饮食组成的群体造成健康风险隐患。

除了重金属污染物，引起公众普通关注的微量化合物有药学活性化合物（PhAC）、内分泌干扰物（EDC）和消毒副产品（DBP）。这些药学活性化合物（PhAC）、内分泌干扰物（EDCs）通常来自工业或生活污水，消毒副产品产生于再生水的二次氯化处理。在处理后的再生水中，这些化学物的浓度往往很低（一般在 ng/L 的范围内），所以不会造成健康风险，除非是长期大剂量摄入才会导致临床效果。因此，微量化合物也是一个令人关注的卫生领域。

2.1.7　内分泌干扰物

内分泌干扰物（EDCs）是一种外源性干扰内分泌系统的化学物质，进入动物或人体内可引起内分泌系统紊乱并造成生理异常。污水和环境中已知的内分泌干扰物包括雌性激素化合物（常见于避孕药中）、植物雌激素、杀虫剂，以及化工原料，如双酚 A、壬基苯酚和重金属。未经处理的污水是内分泌干扰物的主要来源，并且比其他水源的浓度更高。

虽然内分泌干扰物存在于未经处理的污水中，但是它们的浓度远远低于体内天然激素，并且比天然激素的内分泌功能小上千倍。再生水二级处理可以除去污水中绝大多数的内分泌干扰物。内分泌干扰物在处理后的再生水中浓度很低，而且它们在环境中潜在的半衰期短暂，这意味着内分泌干扰物在再生水农业回用中风险较小。

虽然内分泌干扰物对人类健康的影响较小，但却对常常接触到含有内分泌干扰物的野生动物（如美国佛罗里达州的短吻鳄，英国河流的鱼类）产生较大的影响。据调查，美国佛罗里达州的幼年短吻鳄鱼被发现患上生殖腺生长问题，这与佛罗里达大沼泽地中存在雌性激素化合物相关。乔布林研究表明，在英国河流内发现雌雄同体的鱼类，这与水源中存在的内分泌干扰物有关。

2.1.8　药物活性化合物

环境水域和污水中检测到的大多数药学活性化合物是用于治疗人类和动物的不同种类的药物。这些药物包括止痛药，如布洛芬、咖啡因、镇痛剂，降低胆固醇药物，如抗生素和抗抑郁药。这些药物可以通过不同途径进入环境，但是最常见的途径是通过处理和未经处理的污水。

类似于内分泌干扰物，药学活性化合物同样能够造成环境风险和人类健康风险问题，并且它们更加广泛地分布于污水和再生水中，因此需要给予更多的关注。有些药学活性化合物很容易通过污水处理清除，但是其他一些则会持久地存在于水源中。然而，不管怎样，处理后的再生水中药学活性化合物浓度很低，比日常药物使用和日常护理低很多，所以即便是再生水农业回用时被农作物摄取，它们也不会造成较大的人类健康风险。药学活性化学物应关注的焦点在于它们增长了土壤和水中微生物对抗生素耐药性的抵抗性。

2.1.9　营养物

污水中存在的主要污染物是有机和无机营养物。最常见的有机营养物是溶解性有机碳（DOC）。依据不同的污水来源，溶解性有机碳可以采取不同的形式。有机碳的来源也可以影响到营养物的生物利用度。例如，排放水中的溶解性有机碳比污水处理厂和食品加工厂中的更加顽固。据调查，再生水中的有机碳可以刺激土壤中微生物的活性。再生水中有机和无机营养物含有高比率的碳和氮，它们可以刺激土壤中的微生物，从而导致灌溉土壤的渗透系数下降。经研究，土壤中微生物通过过度生长和生物膜制造降低灌溉土壤的渗透系数，因为它们可以堵塞土壤颗粒之间的孔隙。在不同的研究中指出莴苣类植物用含有高浓度无机营养物的再生水灌溉，它们的产量会比地下水灌溉的同类农作物的产量高。观察到谷类农作物用污水或部分稀释的污水灌溉要比用未处理地下水灌溉时产量高。

Chakrabarti 也在研究中指出，如果污水配合化肥使用，水稻最初的生长会更好，但是随着时间的推移，需要慢慢减少灌溉使用的养分，因为土壤中已经积累了大量营养物，尤其是氮。

很明显，更多的营养物质可以作为农作物的额外肥料，但是超额的养分，特别是碳和氮，会造成微生物活性过度，导致对农作物的不良影响。因此，再生水农业回用要注意水中营养物的浓度，避免对土壤的孔隙度造成负面影响。

2.1.10 盐分

再生水回用时，其物理特性可能会对使用的环境造成影响。相关物理属性包括 pH 值、溶解氧和悬浮物。然而，再生水灌溉回用中的盐分，尤其是高浓度的钠，是目前最值得关注的问题。钠和其他形式的盐分化合物是再生水中存在最持久的污染物，也是最难去除的。盐分化合物的处理需要使用昂贵阳离子交换树脂或反渗透膜。然而，这类处理方法用于农作物或牧草再生水灌溉回用相对不经济。

再生水中的盐分会对土壤本身以及农作物的生长造成影响。钠盐可以通过膨胀和分散现象直接影响土壤的品质，因为钠离子是一个带正电的阳离子，它能够与带负电的黏土颗粒发生作用。当钠离子的浓度增加，导致黏土颗粒膨胀分散，从而影响土壤渗透性。钠离子浓度增加对黏土造成的效果不是统一的形式，其效果是随着土壤特性而变化。这些变化的原因是复杂的，涉及很多因素，包括土壤质地、矿物学、pH 值、力学性能，以及聚合黏合剂，如烙铁、氧化铝、有机聚合物。

盐分对土壤产生的主要影响之一就是降低土壤的渗透系数。它影响水渗入到土层剖面的能力，以及土壤的积水能力，从而降低农作物灌溉的有效性。通过灌溉高浓度盐分的再生水会导致土壤的盐碱化，随后对黏土层造成的影响就是渗透系数降低。其他可以造成类似效果的物质是污水中的悬浮固体和营养物，因为营养物造成土壤中微生物的过度增长，而悬浮物则与土壤剖面溶解有机质发生相互作用。

在自由穿流良好的土壤，如果渗透系数不降低，有可能通过土层运动将盐分从土壤剖面排放到非承压含水层。再生水品质、土壤特性和地下水本底质都在不同程度上影响了盐分对地下水的效果。如果地下水本来就是盐性或者含有较高浓度的盐，那么外来盐分的注入不会对地下水造成影响。地下水盐分浓度较低时，下列情况下外来盐分注入不会产生过于恶劣的影响：①地下水运动是有限的；②地下水不会被利用（如饮用水供应）；③地下水没有排放口，盐分不可能流经到河流和其他地表水体。因此，地下水中注入外来盐分是不可避免的，那么就必须权衡考虑污水再生利用所带来的风险和收益。

再生水中钠含量升高对农作物的影响是另一个涉及再生水盐分的问题。谷物农作物，如小麦与其他敏感农作物相比，它们的抗盐能力较强，因此再生水灌溉不会造成谷物减产。其他谷物，如玉米对盐分抵抗能力较差，土壤中盐浓度上升会导致玉米的大量减产。此外，土壤类型也可以影响农作物的产量，同样使用同等盐浓度的再生水灌溉，壤土比黏土的产量更大。Asch 等研究表明，与河水（0.5～0.9ds/m 导电性）培育水稻相比，用 3.5ds/m 导电性的再生水灌溉会大量减少粮食产量。如处理后的污水导电率小于 1ds/m，再生水含盐度不会对农作物生长和产量产生负面影响，但土壤中盐分增加导致土壤盐碱化，这种问题更严重。需要采用更好的土壤管理办法，比如从土壤结构中浸出盐分，并且定期地灌溉低盐度的水。

2.2 再生水入渗补给地下水方式

再生水入渗补给地下水的形式多种多样，一般是利用旧河道、渠道、平原水库、砂石坑、池塘、大口径井和深井等，人为地将地表水自流或加压注入地下含水层（储水层）。

人工补给地下水一般可分为地面渗水补给和地下灌注渗水补给等类型。

（1）地面渗水补给包括洼地和砂石坑渗水补给、水库渗水补给、河道和渠道渗水补给等。地表具有良好的渗水层，如砂卵砾石和砂层，一般采用河道、渠道、砂石坑、池塘、洼地等，人为地引水，使水自然渗漏进入含水层。如大宁水库渗水补给、卢沟桥拦河闸拦蓄永定河水入渗补给、西黄村砂石坑渗水补给等，均属于地面渗水补给。

（2）地下灌注渗水补给是在包气带为弱透水层时，为了使补给水直接进入下部强透水层，采用管井、大口径井、竖井和坑道灌水注入地下补给地下水。管井回灌是常用的注水补给方法，常用来补给较深的潜水和承压水含水层。如首钢的大口井回灌，20 世纪 80 年代一些企事业单位利用深井进行回灌，都属于地下水灌注入渗补给。

2.3 再生水入渗过程中水质净化研究进展

目前国际上关于再生水入渗回灌的研究主要集中在再生水入渗回灌单项技术上，如土壤含水层系统对再生水的净化、再生水中溶解性有机物的组成与去除、再生水中病原微生物的去除及风险、再生水无机水化学组分的变化等。

2.3.1 土壤含水层系统对再生水的净化

对于补给地下水的再生水系统，污染物的去除是非常重要的过程。生物降解、吸附、过滤、离子交换、挥发、稀释、化学氧化和还原等过程都可以去除水中的污染物[4]。美国水联合基金协会[5]（AWWAEF）曾针对不同地域特点和不同预处理工艺的数个土壤—蓄水层（SAT）系统的可持续性展开调查，调查对象及特征见表 2-1。

表 2-1 湿地/土壤—蓄水层系统的研究案例

调 查 对 象	场地的主要特点
亚利桑那州斯维护特湿地/回补设施	在深层渗流区（大于 30m）内可大范围检测，在下坡向布设多口浅水井
亚利桑那州西北梅萨	在浅层渗流区（1.5～6m）内可从不同深度取样，在距离回灌点 150m 到大于 3000m 设浅水井
亚利桑那州菲尼克斯市三河区鹅卵石区域	可从水平流和浅层（小于 6m）饱和区内取样，大部分补充水渗流进入地下水体
亚利福尼亚州里瑞航德/蒙地贝罗前池	渗流区（1.5～6m）供应再生水和其他水源的混合水，可在不同深度取样
亚利福尼亚州圣盖堡/蒙地贝罗前池	浅层渗流区（3～6m）供应再生水和其他水源的混合水，可在不同深度取样

调　查　对　象	场地的主要特点
亚利福尼亚州河岸水质控制厂隐谷湿地	可从水平流和具有浅层（小于1m）流区内取样。约25%的补充水渗流进入地下水体
亚利福尼亚州东谷森渗流场	在深层渗流区（大于30m）内可以不同深度及其下游取样
亚利福尼亚州阿夫拉谷污水处理厂	所使用的污水处理技术与梅萨、菲尼克斯和亚利桑那州所用技术相似，但仅以当地的地下水为饮用水源

该研究的主要目的是：①检验评价 SAT 处理的再生水用作间接饮用水的可持续性；②考察和总结渗透分界面、土壤过滤区域和底部地下蓄水层对再生水中有机物、氮和病毒的去除能力；③研究 SAT 处理和地面处理之间的相互关系。

该研究的主要成果如下：①存在于 SAT 再生水中的溶解性有机碳主要有天然有机物、可溶性的微生物代谢产物和其他微量有机物组成；②在 SAT 再生水中总溶解性有机碳主要来自天然物质，人工有机物的比重很小；③在 SAT 再生水中病原体检出概率与其他地下水中病原体的检出概率相同；④通过厌氧氨氧化过程，可以实现对 SAT 中氮的部分去除；⑤再生水的预处理程度并不会影响最终 SAT 再生水的有机碳含量；⑥对于一般的 SAT 系统，缺氧条件下仍可以有效去除有机物，因此，渗流区域对于有机物去除并不需要设置，如果要求 SAT 系统对氮有一定的去除功能，就需要设置渗透区域存在；⑦在 SAT 再生水的氮消毒过程中，产生的消毒副产物的分布情况，受再生水中溴化物浓度的影响。

2.3.2　再生水中溶解性有机物的组成与去除

在水处理领域，通常将水中小于 $0.45\mu m$ 的有机物称为溶解性有机物。由于其粒径很小难以检测，通常用分子质量（Molecular Weight，Mw）表征有机物的大小。

城市污水经过污水处理厂和深度处理后的再生水仍含有一部分溶解性有机物（Dissolved Organic Matter，DOM）。水中溶解性有机物是在全球碳循环中的重要一环[6]。它能与非饱和带中的有机污染物及重金属相互作用，也是在再生水加氯消毒过程中形成消毒副产物的主要前体物质，还可以是再生水中微生物的碳源。因此，DOM 一直是人工地下水回灌研究的热点和重点[7]。

补给过程中溶解性有机物通过生物用吸附作用被去除。生物降解主要由附着在滤料表面的微生物完成[8]。Quanrud[9]等研究了美国亚利桑那州的 SAT 系统对溶解性有机碳（DOC）的去除。研究表明：DOC 的去除主要发生在渗滤池底部以下 3m 范围内，去除的 DOC 组分主要为亲水性强、易生物降解的溶解性有机物。Rauch - Williams[10]等研究了 SAT 系生物膜含量与可生物降解有机碳（BOC）之间的关系，研究表明：他们在所调查的 3 个 SAT 系统以及模拟实验中均表现出良好的正相关关系，说明再生水中 BOC 的含量限制了土壤生物膜的生长，从而达到稳定状态。所调查的 3 个 SAT 系统对于 BOC 的去除均主要发生在 30cm 土壤深度范围内，这里也是土壤生物膜含量最高的层位，生物降解是溶解性有机质（DOM）的主要去除机制。0～10m 的范围则是 BOC 去除的关键区域，特别是对胶体形式有机碳的去除。Lin[11]等研究了以色列 Dan Region 工程 SAT 系统长期土壤渗滤介质有机质的变化规律，结果表明：经过 20 年的运行渗滤池下部有机质的积累主要出现在渗滤池底部以下 0.9m 的范围内；0～0.3m 的范围内有机质积累速度初始很快，然后会缓慢下降；10～15 年运行后，有机质含量达到一个稳定状态，长期运行过程中再生水输入的有机质大部分在土壤介质中被降解去除，0～2.1m 范围内土壤有机质积累量仅相当于再生水输入 24 年总量的 4％；SAT 系统垂向入渗对于 DOC 的去除达到了 70％～90％，而含水层中的水平径流仅去除了 10％左右。

在好氧环境中，完全生物降解的最终产物主要包括二氧化碳、硫酸盐、硝酸盐、磷酸盐和水。在厌氧环境中，最终降解产物主要包括二氧化碳、氮气、硫化物和甲烷。在典型地下水环境中，难降解有机物的去除机理还有待进一步研究。另外，有机物的生物降解可能是不彻底的，有研究表明产生不能进一步降解的有机物，而且这样的代谢通常难以识别和检测。

2.3.3 再生水中病原微生物的去除及风险

再生水中的致病微生物是再生水回灌中所关注的问题。在地下水入渗过程中对病原微生物的关注包括寄生虫、细菌和病毒的转移与归趋。由于地下没有已知的病原微生物的寄主，病原微生物基本不在地下运移过程中增加。许多科学家对多种病原微生物在地下迁移过程进行了研究。

去除病原微生物和许多因素有关，如土壤的物理、化学、生物特性，微生物的大小特征、环境状况等。非饱和带土壤比饱和带有更明显的去除效果，这可能是因为非饱和带的气—水两相相互作用使病毒颗粒更靠近固体颗粒表面的原因。不过通过一系列的实验室研究取得了比较一致的成果。影响微生物在土壤和地下生存最主要的原因是温度：在 4℃ 以下，微生物可以长时间存活；随着温度升高，死亡率增加。Powerlson 在美国亚利桑那州的 Tucson 市进行了有关研究。试验选用 MS2 和 PRD1 两种病毒作为研究对象，同时采用 KBr 作为示踪剂。结果表明，在地表面以下 4.3m 处，对病毒的去除率介于 37％～99.7％ 之间，并且病毒的运移不受进水水质的影响。

2.3.4 再生水无机水化学组分的变化

污水中常见的无机物主要包括氮磷、重金属以及其他无机污染物。氮和磷是造成水体藻类暴发的主要营养元素。重金属污染物主要有汞、铬、镉、铅、锌、镍、铜、钴、锰、钛、钒、钼和铋等。特别是前几种对水生生态及人体健康的危害较大。

再生水利用对地下水影响程度与包气带岩性与结构、地下水埋深、灌溉制度、工程布置有关。目前国内研究主要集中在氮、磷、重金属等污染物的迁移转化规律方面，再生水入渗补给地下水过程中发生离子交换反应，导致地下水中盐分增加。采用 $\delta15N$ 示踪方法研究得出污水利用导致地下水中硝氮含量增加，由于黏土土壤通透性较差，再生水灌溉时反硝化速率显著增加，土壤氮素利用率下降，但这可以减少氮素渗漏对地下水的威胁。土壤对磷具有较强的吸附能力，避免了磷向深层包气带的迁移。地下水埋深较浅的地区通过水资源优化配置可以减少潜水蒸发引起的土壤次生盐渍化，再生水利用先在上层土壤产生淋溶，到 7～8m 的深度，淋溶作用基本消失。北京市北野厂灌区试验表明，5m 与 12m 土壤包气带对 TN 的去除效果分别达到 83％ 和 97％，对 TP 的去除效果分别达到 95.5％

和 98%，典型包气带结构定点监测发现再生水利用引起地下水多环芳烃污染的风险极小。

　　地下水数值模拟是对真实地下水系统的仿真和模拟，目前数值模拟的主要方法是有限差分法、有限单元法、边界元法和有限分析法等。在人机交互、计算机图形学和科学可视化等计算机技术的推动下，带有可视化功能的地下水模拟软件 Visual MODFLOW、GMS、FEFLOW 等迅速发展，已占据了国际地下水数值模拟软件的主流地位。地下水系统数值模拟模型结合地表水文模型、作物模型、流域生态模型、区域气候模型、分布式水文模型、水平衡模型和随机法模型等，扩展了模型的应用范围，综合集成地下水管理模式，在国家制定区域水政策和方针中将发挥越来越重要的作用。我国在此方面也做了大量的研究工作，在建立地下水系统数值模拟模型中发现问题，在理论和方法上不断创新，通过数值模型理论与相关研究方向的理论结合，不断提高模拟结果的可靠性。针对数值模拟过程中需要处理的地面标高、初始水位、边界条件、源汇项和水文地质参数等问题，采取数字高程模型及各种耦合模型，结合地球动力学、地质统计、逆问题理论和三维空间拾取技术等来提高模拟效果。在运用地下水系统数值模拟软件以及地理信息系统的强大功能，并结合相邻学科的模型方面，也进行了积极的探索。

2.4　再生水入渗补给地下水安全性研究概况

　　地下水对人体健康的影响、经济可行性、自然条件、法律规定、水质条件以及再生水的可用性成为地下水补给的限制条件。这些条件中，健康问题是最重要的限制条件。特别是长期暴露于低浓度污染物所产生的健康影响以及由病原体或有毒物质造成的急性毒性问题都必须慎重考虑。

　　近年来，人们开始利用再生水补给饮用水蓄水层，但是对于这种补给方式的健康分析评价，只有少数地区开展了研究，美国洛杉矶县是其中之一。1978 年 11 月，洛杉矶卫生局设立了健康影响的研究项目，主要目的是评估处理后的再生水补给地下水所造成的健康影响，这项研究主要针对位于加利福尼亚州洛杉矶县中心的地下水补给工程。该项目的具体研究任务包括：①研究再生水补给水源和地下水后的水质特点（微生物和化学组分）；②确定再生水补给水源和地下水的毒性和化学组分，分离和鉴别再生水中对人体健康有重大影响的有机组分；③通过现场试验评价土壤去除再生水中化学物质的效率；④利用水文地质学研究方法确定再生水通过土壤层的迁移规律和再生水对市政供水的相对贡献；⑤开展流行病学研究，比较和评价再生水利用人群的健康状况与其他人群健康状况的差异。在项目的研究过程中，一个技术咨询委员会和一个评论委员会对研究结果进行总结工作。据Nellor 等在 1985 年的报告：这项研究的结果并没有发现饮用该区域地下水的人们有任何负面的健康影响。

第3章 研究区概况及再生水厂水质

3.1 研究区范围

研究区位于北京市东北部，研究范围为北京市密云县和怀柔区的平原区，以及顺义区潮白河向阳闸以北的平原区，如图 3-1 所示。研究区地理坐标为北纬 40°10′～40°26′，东经 116°34′～116°53′，面积 621km²。

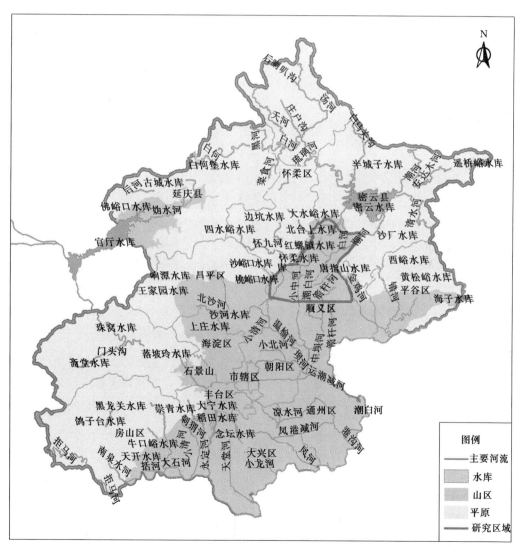

图 3-1 研究区地理位置示意图

3.2　地形地貌

研究区内地形总的趋势是北部狭窄，南部开阔，地形由北向南倾斜。区内海拔一般在50.00m，其东北、西北和北部三面环山，南面地势平坦，河流蜿蜒曲折，区内海拔最高处位于研究区北偏东的山前，海拔为 164.00m，最低洼处位于潮白河河床，海拔仅 31.00m。

3.3　气象水文

研究区地处温暖半湿润大陆性季风区，四季分明。春季干旱多风，夏季高温多雨，秋季凉爽湿润，冬季寒冷干燥。区域多年平均年降水量 656.5mm，其中 1999～2009 年的年均降水量 488.9mm（图 3-2）。

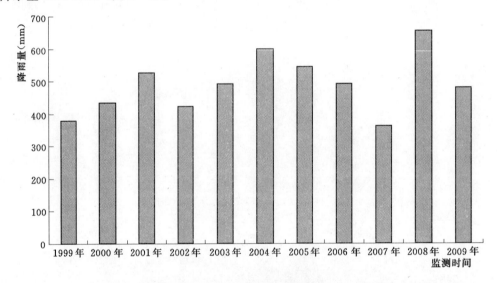

图 3-2　研究区多年平均年降水量统计（1999～2009 年）

研究区降水年内、年际分配极不均匀，并存在一定的地区差异。由于三面环山，南接平原，各地降水呈现一定的变化规律，山区与山麓降水量大，平原降水量小，北部平原降水量大于南部平原区。从历年降水量资料看，区内最大年份高达 801.6mm，最小年份仅 360mm。

3.4　地质与水文地质

3.4.1　地质概况

研究区构造线方向以北东及北北东向为主，北西向次之。平原区属于新华夏系北北东向的新生代断陷盆地，为一地堑式盆地，基底起伏与断裂延伸方向一致，为北北东向。北部平原基底绝大部分为震旦系片麻岩及燕山基期花岗闪长岩所占据。南部基底及四周山区则以震旦亚界古生界及中生界地层为主。

1. 前第四系地层

研究区前第四系地层有太古界片麻岩、震旦亚界石灰岩、寒武系岩、奥陶系石灰岩、石炭—二叠系、侏罗系火山岩、花岗闪长岩。

（1）太古界片麻岩为灰绿、灰黄、灰黑及肉红等色，矿物成分以石英、长石为主，夹暗色矿物如云母角闪石、辉石等。具有明显的片麻构造，大面积分布于本区东北部的密云县城以南及密云水库周围，在平原地区为第四系所覆盖。

（2）震旦亚界石灰岩多见高于庄灰岩及雾迷山表灰色——灰白色及深灰色矽质条带灰岩。大面积分布于工作区的东部及北部地区，在西部呈现北东向条带状分布，在中滩营附近为第四系所覆盖。

（3）寒武系岩为灰黑色、灰白色、黄灰色豹皮灰岩、板岩和页岩，大面积分布于研究区中南部的东西两侧的平原基底或以残山的形式出现，广布于太子坞、河北庄、隆各庄、魏家店、郑重庄、二十里长山等地。

（4）奥陶系石灰岩为深灰色灰白色中厚层石灰岩，质纯而硬，呈长条状分布于牛栏山、二十里长山一带，在平原为第四系所覆盖。

（5）石炭—二叠系在前礼务村西以及尹家府、王各庄钻孔中有揭露。

（6）侏罗系火山岩为灰黑色、紫红色或黄褐色安山岩、安山集岩块、安山角砾岩、安山质凝灰岩及玄武岩等构成，呈北东向分布，占据了潮白河以西大部分山前地带，在平原区的大胡家营、北小营、顺义、铁匠营等为第四系覆盖。

（7）花岗闪长岩为肉红色或黄褐色，成分以长石、石英、云母为主并含角闪石等暗色矿物。基岩分布范围西起东流水、唐自口，南至高家两河，占据了北部平原基底的绝大部分。

2. 基岩地质构造

研究区基底构造线以北北东向为主，并与北西向断裂相交叉，构成了本区主要构造骨架。

研究区东西两侧被断裂切割，两侧上升，中间下降，构成一个地堑式盆地。构造线的主导方向为北东及北北东向，反映出燕山期以来新华夏系构造特点，第四系沉积及潮白河延伸方向服从构造线总的方向。花岗闪长岩体分布方向与断裂方向大致吻合。研究区内有两个凹陷，第四系最厚达345m，东部凹陷较浅，第四系厚度为165m，表明了地堑式盆地的不对称性。

3. 第四系地质概况

研究区第四系沉积物广布于平原和山间沟谷。岩性由北往南表现为由粗颗粒到细颗粒，层次由较单一到层次较多；垂直表现出多旋回；岩层厚度由北部溪翁庄、东北部河南寨20～50m，韩庄河槽80～100m到中部大胡家庄营200余m，而到南部进入北京断陷盆地北端，第四系沉积厚度达500m以上。

3.4.2 水文地质概况

研究区含水层主要由砂、砾石、卵石组成，从北往南介质粒径由粗变细，含水层由单一层过渡到多层，岩层厚度由薄变厚。区域内含水层结构东西方向差异较大，东部为潮白河主河道滚动区，含水层巨厚，层次少、粒径大、孔隙大；西部为怀河、雁栖河、小中河滚动区，含水层薄、层次多、粒径较小、透水性相对较差。

研究区第四系含水层根据岩性、富水性及埋藏条件，分为 4 个大区和 5 个亚区，如图 3-3 所示。

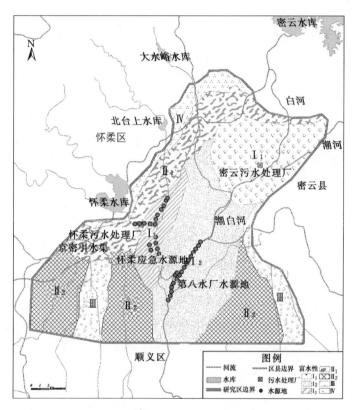

图 3-3　浅层含水层富水性分区图

1. Ⅰ区

Ⅰ区为导水性极好区域，分布在潮白河冲洪积扇中、上部，在密云县城西至牛栏山向阳村一带。降深 3m 单井出水量大于 5000m³/d，渗透系数 200～300m/d。该区按含水层岩性可分为 3 个亚区。

（1）Ⅰ₁亚区为单层砂卵石区。该区分布在密云城关、西田各庄、十里铺一带。本区基岩埋藏较浅，第四系厚度 40～80m。区内砂卵石埋藏很浅，甚至直接暴露地表。本区为潮白河冲洪积扇顶部补给区，易接受地表水及大气降水补给，地下水位埋深较大。

（2）Ⅰ₂亚区为两三层砂卵石区。该区分布在统军庄、大胡家营一带。本区基岩埋深变化大，小罗山、平头一带基岩直接出露地表，而大胡家营附近基岩埋深达 200m 以上。100m 以上富水性较好，100m 之下透水性较差，呈半胶结状态。本区为潮白河冲洪积扇中下部，系地下水径流排泄区，地下水位埋深小。八厂水源地开采井均位于该区溢出带上。

（3）I_3亚区分布在王化村、赵各庄一带。该区位于怀河冲洪积扇上，为多层砂卵石层，在 45～120m 段含水层，渗透系数为 80～270m/d，导水系数为 5300～16200m²/d；120m 以下含水层，渗透系数为 40～120m/d，导水系数为 5200～20000m²/d。本区基岩埋深大，达 300m。含水层层次多，地下水位埋深较小。正在建设的北京市应急水源即位于该带内。

2. II区

II区为导水性中等区，位于 I 区以北、以南的环形地带。降深 3m 单井出水量 2000～5000m³/d。渗透系数 100～200m/d。该区可分为两个亚区。

（1）II_1亚区为层次不稳定的砂卵石含水区。该区分布在 I 区之外的北部及西部。本区基岩埋深北部数十米，南部彩各庄一带达 300m。因由白河、沙河及雁栖河交错沉积而成，含水层层次变动大，颗粒粗细不均一。

（2）II_2亚区为多层砂砾卵石含水区。该区分布在南部 I 区的两侧。本区基岩埋深变化大，牛栏山东出露地表，而东南侧鲁各庄一带达 230m。含水层在潮白河以东砂层、砂砾居多；以西则以砂砾卵石为主。

3. III区

III区为导水性较差的承压水区。该区分布在顺义县东南侧的 II 级阶地上。该区潜水含水层的渗透系数为 40～80m/d，承压含水层的渗透系数为 20～60m/d。降深 3m 单井出水量小于 2000m³/d。渗透系数小于 100m/d。

4. IV区

IV区分布在山前及山间沟谷地带，为坡洪积物构成。含水层极不稳定，富水性变化大，水位埋深大，水位降深 3m 单井出水量小于 1000m³/d。渗透系数小于 50m/d。

3.4.3 地下水的补、径、排条件

1. 地下水的补给

研究区浅层水主要接受大气降水入渗补给、侧向径流补给、水库渗漏、河流入渗补给、京密引水渠渗漏，其次为灌溉回渗补给。

（1）大气降水补给。研究区属于山前地带，潜水含水层广泛分布，大气降水能直接或间接补给地下水，成为地下水的主要来源之一。北部山区是潮白河等河流的冲洪积扇顶部，砂卵石裸露地面，第四系地层渗透性非常强，南部地区降雨入渗情况由动态观测资料看，大气降水补给作用同样是比较直接的。

（2）地表水系及农业灌溉入渗补给。潮白河水系各条河流（包括怀河、雁栖河、小中河、箭杆河等）河床宽阔，砾石、卵石暴露于河床之中，而区内北部河床底面高于地下水潜水面，每当河道有水时，就向地下渗透，加上密云水库的弃水，多在干旱季节，潜水面处于较低的位置，与河床水位相差更大，河水对地下水补给作用极大。

（3）山前基岩裂隙侧向补给。山前基岩裂隙侧向补给是研究区地下水来源之一。本区北部、西北部和东北部均有大量震旦系灰岩出露，一般透水性强，裂隙发育。由于降水入渗等作用，含有较丰富的基岩裂隙水，一般地下径流形式为侧向补给平原区孔隙水，由山前流入冲洪积扇，入山前有阻水现象存在时则往往以泉水形式出现。

2．地下水径流

研究区地下水总流向大致与盆地长轴方向平行——由东北流向西南，到顺义附近转向正南。决定径流方向的因素与地貌、地质条件等有关，研究区地下水位坡降差异较大，山前地带如中富乐以西为 2‰～3‰，溢出带以下平原区为 0.9‰，两者之间为 1‰～2‰，联系到含水层分布规律及特点可看出：东部径流条件比西部好，在冲洪积扇中上部地区地下径流条件比其南部地区优越。

3．地下水排泄

研究区浅层水的第一含水层的排泄方式主要有两种：①自然排泄；②人工排泄。自然排泄主要是指地下水的溢出、蒸发及流向下游的地下径流。怀柔、高家两河、南房、小罗山以北的各河河道，除雨季有一些未被水库截获的小股山洪通过外，常年基本干涸无水；而其以南地区各河道则常年有基流，这主要是地下水沿河道溢出的结果。如王化、南房、两河、杨宋庄、大林庄、北府、东府及汉石桥一带，均为冲洪积扇中部地区的潜水溢出带，每年有相当一部分地下水溢出后汇入怀河、潮白河。经计算，溢出带年溢出水量为 0.47 亿 m³；由于地下水位在庙城、杨宋、怀柔一带比较浅，所以地下水蒸发比较强烈。人工排泄主要是农业开采和农村居民用水，其中的第一含水层以农业开采为主，第二含水层以水源地开采和工业自备井开采为主。

3.4.4　地下水动态变化

根据对研究区内 38 眼地下水监测井 1999～2009 年的监测资料分析（图 3-4），研究区地下水位呈现持续下降趋势，其中顺义区下降趋势最为明显，密云地下水位下降趋势最缓慢。这主要是由于顺义区内地下水连年超采，且又没有大的补给来源；而密云县地下水一方面有山前侧向补给，一方面还受密云水库入渗补给，因此地下水位下降趋势缓慢，尤其是靠近山前地区和密云水库邻近地区，地下水位呈现出平缓趋势。怀柔地下水位介于顺义和密云之间，主要是由于怀柔地区山前侧向补给也较大，且怀柔水库入渗对区域地下水位下降也有一定缓解。

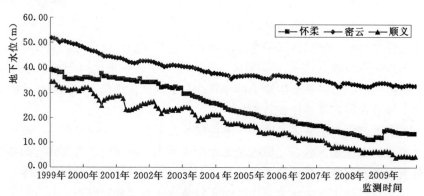

图 3-4　研究区地下水位动态变化曲线

顺义区和密云县地下水位受降水和农业开采的季节性影响，区内地下水位在年内表现出下降—上升—下降趋势。3～6 月为农业集中开采期，地下水位持续下降，为开采下降期；6～10 月随着雨季大量的降雨入渗，地下水位逐步回升，为补给上升期；11 月到第二年 2 月，地下水位上升达到峰值，3 月又进入农业集中开采期，地下水位又开始下降。其中顺义区地下水位随农业灌溉、降雨的变化反应明显，密云县也呈现出了一定趋势，但反映不明显。怀柔区地下水位则基本不随降雨发生变化。

3.4.5 地下水质变化趋势

研究区的地下水水化学类型单一，大部分地区为 HCO_3—$Ca \cdot Mg$ 型，只有南法信一带为 HCO_3—$Ca \cdot Na \cdot Mg$ 型，西丰乐一带为 $HCO_3 \cdot SO_4$—Ca 型。

受人类活动影响，研究区地下水质呈现出逐年恶化趋势，目前大部分区域的地下水质量较好，属于Ⅲ类，局部地区水质已经达到Ⅳ类，主要分布于密云区域内的潮河和白河周边，主要污染物为硝酸盐氮、氨氮、亚硝酸盐氮、总硬度和溶解性总固体。

3.5 水源地概况

研究区内共有两个大型地下水源地：怀柔应急水源地和第八水厂水源地。主要为北京城区提供地下水资源。

怀柔应急水源地水源井主要分布在怀河、沙河和雁栖河两岸，共 21 组 42 眼井，为深浅结合开采井，浅层水源井取水深度 45～120m，深层承压水取水深度 120～250m。2003年 8 月，该应急水源地开始运行，截至 2007 年 6 月，应急水源地带潜水水位下降 15～19m，周边地带下降 10～15m；浅层承压水下降 17～19m，周边下降 15～17m；深层承压水下降 20m 左右。

第八水厂水源地位于潮白河冲积扇中下部，1982 年建成，共有 37 眼开采井，沿潮白河东岸呈东北向展布。该水源地主要含水层有 3 层，第一层深度从地表至 40m，主要岩性为卵砾石，由于水位下降，该含水层部分被疏干；第二层取水深度 40～70m，岩性主要由砾石、卵石组成，该层目前是水源井的开采层位；第三层取水深度 70～250m，岩性以砂砾石、粗砂为主，该层是水源井的主要开采层。

3.6 再生水厂基本情况

研究区内再生水厂主要有密云再生水厂和怀柔再生水厂，密云再生水厂位于白河的左岸，怀柔再生水厂位于怀河的上游靠近庙城橡胶坝，各再生水厂位置详见图 3-5。

怀柔再生水厂前身是怀柔污水处理厂，最初污水设计处理规模 1.5 万 m^3/d，出水水质为 GB 8978—1996《污水综合排放标准》中的二级标准。2002 年怀柔污水处理厂升级改造并更名为怀柔再生水厂，日处理规模达到 5 万 m^3/d。2007 年怀柔再生水厂一期改造工程完成，该工程由北京市水利规划设计研究院设计，北京市市政四公司及北京碧水源科技发展有限公司承接施工，工程采用除磷脱氮功能的 3AMBR 工艺（图 3-6），总投资额为 7869 万元，设计规模为 3.5 万 m^3/d。经过升级改造，怀柔再生水厂总污水处理能力为 7 万 m^3/d，出水水质标准满足北京市 DB 11/307—2005《水污染排放标准》中的一级 A 排放标准，具体设计进水、出水水质见表 3-1，出水主要用于潮白河景观用水及市政杂

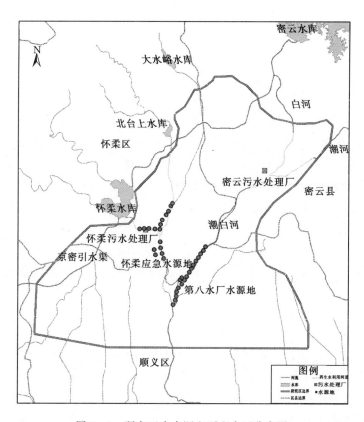

图 3-5 研究区内水源和再生水厂分布图

用，2010 年再生水排入量 1700 万 m³。

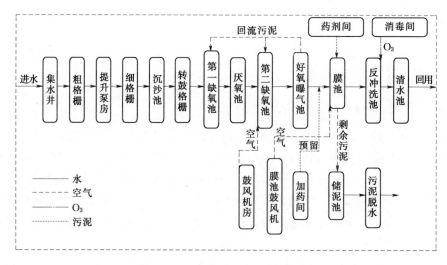

图 3-6 怀柔再生水厂工艺流程图

表 3－1		怀柔再生水厂设计进水、出水水质		
序　号	水 质 指 标		设计进水水质	设计出水水质
1	pH		6.0～9.0	6.0～9.0
2	色度		—	≤10
3	COD_{cr}（mg/L）		≤500	≤40
4	BOD_5（mg/L）		≤230	≤5
5	NH_3—N（mg/L）		≤30	≤1.0
6	TP（mg/L）		≤40	≤0.5
7	TN（mg/L）		≤10	≤15
8	阴离子表面活性剂（mg/L）		—	≤0.5
9	粪大肠杆菌群（个/L）		—	≤3
10	SS（mg/L）		≤300	≤10

密云再生水厂的前身是檀州污水处理厂，2006 年由清华大学环境与工程系膜技术研发与应用中心提供技术支持和设计，北京碧水源科技发展有限公司承接施工，升级改造后更名为密云再生水厂。该厂采用膜生物反应器（MBR）处理工艺（图 3-7），膜组件的清洗维护和整个系统运行全部实现自动控制，是我国首个日处理规模万立方米级以上的 MBR 工程。项目总投资 9426 万元，设计规模为 4.5 万 m³/d，处理能力万 1600 万 m³/a，处理成本为 0.67 元/m³，出水水质标准满足北京市 DB 11/307—2005《水污染排放标准》中的一级 A 排放标准，具体设计进水、出水水质见表 3-2，

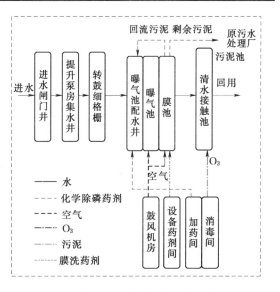

图 3-7　密云再生水厂工艺流程图

出水主要用于潮白河景观用水及市政杂用，2010 年密云再生水处理厂实际处理污水 919 万 m³。

表 3－2		密云再生水厂设计进水、出水水质		
序　号	水 质 指 标		设计进水水质	设计出水水质
1	pH 值		6.0～9.0	6.0～9.0
2	色度		≤50	≤30
3	嗅		—	无不快感
4	浊度（NTU）		—	≤5
5	COD_{cr}（mg/L）		≤100	—
6	BOD_5（mg/L）		≤40	≤6
7	NH_3—N（mg/L）		≤25	≤5
8	TP（mg/L）		≤1.5	≤0.5
9	阴离子表面活性剂（mg/L）		≤5	≤0.5
10	DO（mg/L）		—	≥1.0
11	总大肠杆菌群（个/L）		—	≤3
12	SS（mg/L）		≤80	≤10
13	石油类（mg/L）		≤5	≤1.0

比较两再生水厂设计出水水质指标，怀柔再生水厂的色度、BOD₅ 和 NH₄—N 低于密云再生水厂对应指标；而 pH 值、TP、SS、阴离子表面活性剂和总大肠杆菌群与密云再生水厂对应指标相同（表 3-3）。

表 3-3　　　　　密云再生水厂及怀柔再生水厂设计出水水质比较

类　别	水 质 指 标	设计出水水质	
		密云再生水厂	怀柔再生水厂
不同限值	色度	≤30	≤10
	BOD$_5$（mg/L）	≤6	≤5
	NH$_3$—N（mg/L）	≤5	≤1.0
相同限值	pH 值	6.0～9.0	6.0～9.0
	TP（mg/L）	≤0.5	≤0.5
	阴离子表面活性剂（mg/L）	≤0.5	≤0.5
	总大肠杆菌群（个/L）	≤3	≤3
	SS（mg/L）	≤10	≤10

3.7　再生水厂出水无机组分特征

3.7.1　怀柔再生水厂出水无机组分特征

2009 年 9 月～2010 年 11 月，对怀柔再生水厂共采集了 10 个出水水样，每个水样共检测了 31 项指标，包括 pH 值、NH$_3$—N、NO$_3$—N、NO$_2$—N、TN、TP、总硬度、总溶解固体及 COD$_{Mn}$ 等，其中 pH 最大值为 8.30，最小值为 7.59，均值为 7.87，色度检出范围在 10～30 之间，锰、铁、铝、钡、砷、挥发性酚及阴离子表面活性剂含量低，出水浑浊度小，无异味。

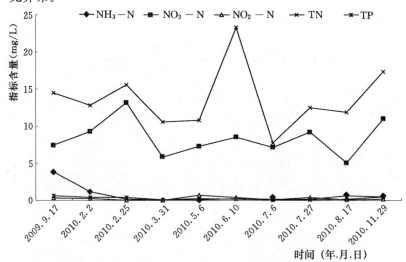

图 3-8　怀柔再生水厂出水中各类氮及磷检出分析图

出水中 TN 和 NO_3—N 含量呈波动性变化,其中 TN 绝大多数在 10mg/L 以上,最高值达 23.3mg/L,而 NO_3—N 含量介于 5.08～13.2mg/L 之间,均值为 8.40mg/L;NH_3—N、NO_2—N 和 TP 含量较低,其中 NH_3—N 大多在 0.7mg/L 以下,仅 2009 年两个水样中 NH_3—N 大于 1.0mg/L;NO_2—N 含量在 0.003～0.66mg/L,均值为 0.22mg/L,TP 含量介于 0.05～0.61 之间,均值为 0.26mg/L(图 3-8)。

出水中 K^+、Mg^{2+} 含量较为稳定,前者大多在 17mg/L 左右,后者大多维持在 27mg/L 上下;Na^+ 含量总体呈先降后升之势,最低值为 110mg/L,最高值为 175mg/L,均值为 137.7 mg/L;Ca^{2+} 含量呈波动性变化,介于 40.3～91.5mg/L 之间,均值为 74.3mg/L(图 3-9)。比较此 4 种阳离子含量,按大小排列顺序为:Na^+＞Ca^{2+}＞Mg^{2+}＞K^+。

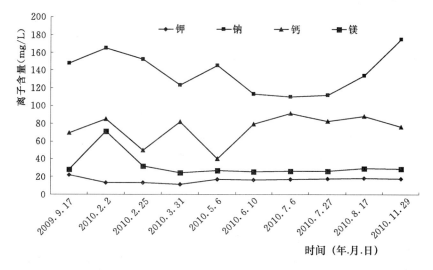

图 3-9　怀柔再生水厂出水中 K^+、Na^+、Ca^{2+} 和 Mg^{2+} 检出分析图

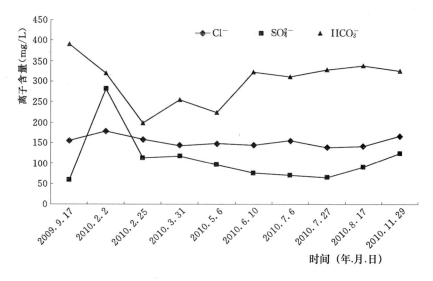

图 3-10　怀柔再生水厂中 Cl^-、SO_4^{2-} 和 HCO_3^- 检出分析图

出水中 Cl^- 含量相对较为稳定，在 150mg/L 上下变化；HCO_3^- 呈降—升—稳定趋势，最大值为 390mg/L，最小值为 198mg/L，2010 年 6 月后基本稳定在 320mg/L 左右；SO_4^{2-} 在 2010 年 2 月 2 日后总体呈现先降后升的趋势，最大值 282mg/L，最小值 65.7 mg/L，均值为 109.4mg/L，但大多数含量在 100mg/L 以下（图 3-10）。比较此三者阴离子含量，按大小排列顺序为：$HCO_3^- > Cl^- > SO_4^{2-}$。

出水中总硬度和溶解性总固体变化基本趋势一致，其中总硬度 2010 年 2 月 2 日检出值最大，为 466mg/L，其他检出值多在 300mg/L 左右；溶解性总固体检出最大值也出现在 2010 年 2 月 2 日水样中，为 1060mg/L，其他检出值多在 700～800 间变化（图 3-11）。

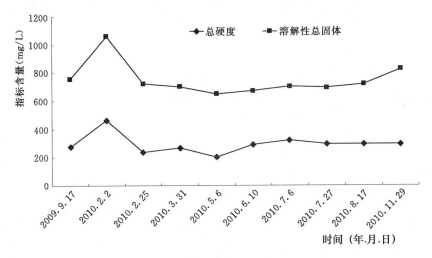

图 3-11　怀柔再生水厂出水中总硬度和溶解性总固体检出分析图

出水中 COD_{Mn} 呈现先升后降的趋势，最大检出值为 15.3mg/L，最小检出值为 5.38mg/L，均值为 8.1mg/L；DO 在 5.9～15.5mg/L 之间，但大多集中在 7mg/L 左右；BOD_5 共检测了 7 次，一般在 2.0mg/L 以下，最大值达到 15.8mg/L（图 3-12）。

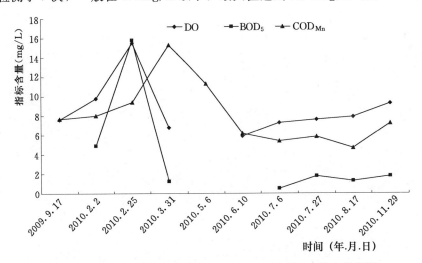

图 3-12　怀柔再生水厂出水中 DO、BOD_5 和 COD_{Mn} 检出分析图

3.7.2 密云再生水厂出水无机组分特征

2009 年 9 月～2010 年 11 月，对密云再生水厂共采集了 11 个出水水样，与怀柔检测相同，每个水样共检测了 31 项指标，其中 pH 最大值为 8.04，最小值为 7.18，均值为 7.57，色度检出范围在 15～30 之间，锰、铁、铝、钡、砷、挥发性酚及阴离子表面活性剂含量低，出水浑浊度小，无异味。

出水中 TN 和 NO_3—N 含量呈现波动型变化，其中 TN 含量介于 59.6～89.6mg/L 之间，均值为 67.63mg/L，NO_3—N 含量在 35.9～83mg/L 之间变化，均值为 57.5mg/L，NH_3—N 含量在 0.02～0.93mg/L，均值为 0.26mg/L，NO_2—N 含量多在 10^{-2} 数量级，TP 含量在 1.35～6.32mg/L 之间，均值为 2.53mg/L（图 3-13）。

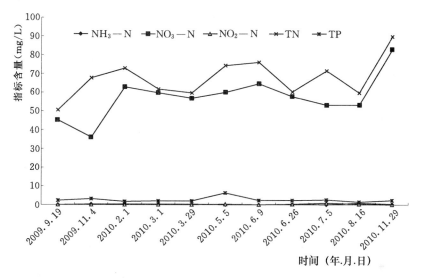

图 3-13 密云再生水厂出水中各类氮及 TP 检出分析图

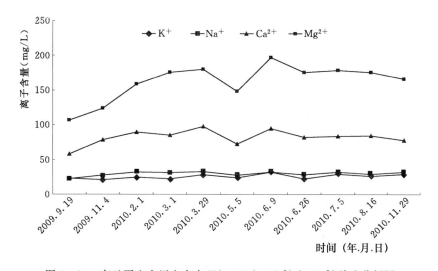

图 3-14 密云再生水厂出水中 K^+、Na^+、Ca^{2+} 和 Mg^{2+} 检出分析图

出水中 K^+、Mg^{2+} 含量较为稳定，前者多在 22～29mg/L 之间变化，均值为 25.6mg/L，后者检出值多在 30mg/L 左右；Na^+ 含量在 107～197mg/L 之间波动，均值为 162.5mg/L，Ca^{2+} 含量尽管也有一定波动，但范围较小，其均值为 82.3mg/L（图 3-14）。比较此四种阳离子含量，按大小排列顺序为：$Na^+ > Ca^{2+} > Mg^{2+} > K^+$。

出水中 Cl^- 含量总体相对较为稳定，在 170mg/L 上下变化；HCO_3^- 含量总体呈先升后降趋势，最大值为 2010 年 7 月 5 日的检测结果 362mg/L，最小值为 2010 年 11 月 29 日的检测结果 124mg/L，均值为 211mg/L；SO_4^{2-} 在 2010 年后变幅不大，检出值在 64.1～113mg/L 之间，均值为 79.3mg/L（图 3-15）。比较此三者阴离子含量，按大小排列顺序为：$HCO_3^- > Cl^- > SO_4^{2-}$。

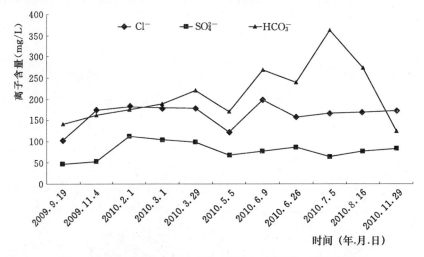

图 3-15　密云再生水厂中 Cl^-、SO_4^{2-} 和 HCO_3^- 检出分析图

出水中总硬度值基本稳定，大多数在 300mg/L，但溶解性总固体含量在 2010 年 7 月 26 日前样品中呈现较大波动性，检出值在 634～1180mg/L 之间变动，其后趋于稳定，检出值均在 1020mg/L 左右（图 3-16）。

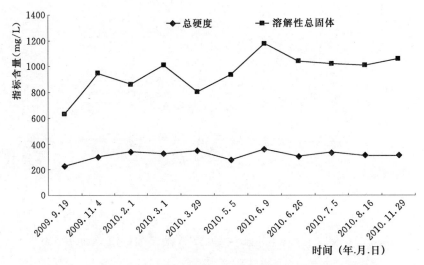

图 3-16　密云再生水厂出水中总硬度和溶解性总固体检出分析图

出水中COD_{Mn}呈现锯状变化，最大检出值为 10.4mg/L，最小检出值为 2.32mg/L，均值为 7.19mg/L；DO 总体呈先降后升的趋势，变幅较小，在 6.6～10.3mg/L 之间；BOD_5 共检测了 8 次，一般在 2mg/L 以下，最大值为 6.6mg/L（图 3-17）。

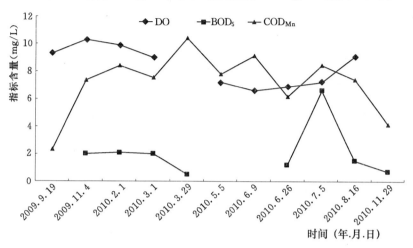

图 3-17 密云再生水厂出水中 DO、BOD_5 和 COD_{Mn}检出分析图

3.8 再生水厂出水有机组分特征

2009～2010 年间，对怀柔再生水厂和密云再生水厂出水的有机组分各检测了 3 次，第一次检测组分为挥发性有机物（VOCs，共 54 个指标）；第二次和第三次检测组分除 54 个 VOCs 组分外，还有多环芳烃（PAHs，16 个指标）、有机氯农药（OCPs，14 个指标）和邻苯二甲酸酯（PAEs，6 个指标），共 90 个指标。

3.8.1 再生水厂出水挥发性组分（VOCs）

检测的 VOCs 组分包括两类：卤代烃和苯系物，其中卤代烃组分 30 个，分别是氯乙烯、1，1-二氯乙烯、二氯甲烷、反-1，2-二氯乙烯、1，1-二氯乙烷、顺-1，2-二氯乙烯、2，2-二氯丙烷、三氯甲烷、溴氯甲烷、1，1，1-三氯乙烷、1，2-二氯乙烷、1，1-二氯丙烯、四氯化碳、三氯乙烯、1，2-二氯丙烷、二溴甲烷、一溴二氯甲烷、顺-1，3-二氯丙烯、反-1，3-二氯丙烯、1，1，2-三氯乙烷、1，3-二氯丙烷、二溴一氯甲烷、四氯乙烯、1，2-二溴乙烷、1，1，1，2-四氯乙烷、三溴甲烷、1，1，2，2-四氯乙烷、1，2，3-三氯丙烷、1，2-二溴-3-氯丙烷、六氯丁二烯。苯系物组分 24 个，分别是苯、甲苯、乙苯、间+对二甲苯、苯乙烯、邻二甲苯、异丙苯、正丙苯、1，3，5-三甲苯、叔丁基苯、1，2，4-三甲苯、异丁基苯、对异丙基甲苯、正丁基苯、氯苯、溴苯、邻氯甲苯、对氯甲苯、间二氯苯、对二氯苯、邻二氯苯、1，2，4-三氯苯、1，2，3-三氯苯。

两座再生水厂出水中 54 种 VOCs 组分仅有少数检出，其中密云再生水厂出水三次均检出三氯甲烷，浓度依次为 3.14μg/L、3.61μg/L 和 0.69μg/L，但第一次和第二次除检出三氯甲烷外，其他 VOCs 组分无检出，而第三次还检出二氯甲烷、四氯乙烯和 1，2-二氯丙烷等 4 种 VOCs 组分。怀柔再生水厂出水每次检出 VOCs 组分不尽相同，第一次检出 1，2-二溴-3-氯丙烷和 1，2，4-三氯苯，第二次检出四氯化碳、三氯甲烷和 1，2-二氯乙烷，而第三次检出的是二氯甲烷、三氯甲烷和 1，2-二氯乙烷，除四氯化碳检出浓度较高外（18μg/L），其他检测组分浓度均在 10^0 数量级。根据 US EPA 癌症危害评价，检出的 VOCs 组分中四氯化碳、二氯甲烷、三氯甲烷和 1，2-二氯乙烷等 6 种 VOCs 组分癌症危害为 B₂ 类，1，2，4-三氯苯的癌症危害为 D 类，四氯乙烯的癌症危害没有给出类别（表 3-4）。

表 3-4　再生水处理厂挥发性有机组分检测结果　单位：μg/L

组　　分	密云再生水厂出水			怀柔再生水厂出水			US EPA 癌症危害评价等级
	第一次	第二次	第三次	第一次	第二次	第三次	
四氯化碳	—	—	—	—	18	—	B₂
二氯甲烷（5）	—	—	3.63	—	—	5.27	B₂
三氯甲烷	3.14	3.61	0.69	—	1.72	1.10	B₂
四氯乙烯	—	—	0.29	—	—	—	
1，2-二氯乙烷	—	—	—	—	1.02	0.46	B₂
1，2-二溴-3-氯丙烷（0.2）	—	—	—	0.58	—	—	B₂
1，2，4-三氯苯	—	—	—	0.44	—	—	D
1，2-二氯丙烷（5）	—	—	0.25	—	—	0.21	B₂

注　1."—"表示低于检测限或无定义。

　　2. US EPA 将致癌物分为 5 类：A 为人类致癌物；B 类为很可能人类致癌物，其中 B₁ 为人类资料为"证据有限"但动物资料为"致癌证据充分"，B₂ 为动物"致癌证据充分"但人类资料"无"或"不足"；C 类可能人类致癌物；D 为不能确定是否为人类致癌物；E 类为对人类致癌性无证据。

3.8.2　再生水厂出水多环芳烃（PAHs）

PAHs 为分子中包括 2 个或 2 个以上苯环类结构以稠环、联苯环等形式连接在一起，分子量在 178~300 之间的碳氢化合物。按照物理化学性质多环芳烃主要分为两大类。第一类是芳香稠环化合物，即相邻的苯环至少有两个共用的碳原子的碳氢化合物。例如萘有两个苯环，两个共用的碳原子。若几个苯稠环结合成一横排状，称为直线式稠环，如丁省。若几个苯环不是线性排列，称为非直线式稠环，如苯并（α）芘。若有支链苯稠环则称为支链式稠环，如二苯并（b，g）。第二类是苯环直接通过单链联结，或通过一个或几个碳原子联结的碳氢化合物，如联苯和 1，2-二苯基乙烷。多环芳烃最早是在高沸点的煤焦油中发现的。后来证实，煤、石油、木材、有机高分子化合物、烟草和许多碳氢化合物在不完全燃烧时都能生成多环芳烃。当温度在 650~900℃，氧气不足而未能深度氧化时，最易生成多环芳烃。多环芳烃中有一些化合物可使实验动物致癌。因此它们对人也可能有致癌作用，引起人们的关注。

两座再生水厂出水水样中每个水样均检测了 16 种 PAHs 组分，包括萘、苊烯、二氢苊、芴、菲、蒽、䓛、荧蒽、芘、苯并（α）蒽、苯芘（b）荧蒽、苯并（k）荧蒽、苯并

（α）芘、茚并（1，2，3-cd）芘、二苯并（a，h）蒽、苯并（g，h，i）芘。第一次检测结果显示，两再生水厂出水中各 5 种 PAHs 检出，密云再生水厂的为菲、蒽、芘、荧蒽和苯并（α）蒽，怀柔的为菲、蒽、芘、屈和苯并（α）蒽，总体上密云再生水厂 PAHs 组分检出浓度高于怀柔的相应检出组分。第二次检测结果中，密云再生水厂仅检出菲和蒽，而怀柔再生水厂 PAHs 组分无检出。根据 US EPA 癌症评价分类，检出的组分中菲、屈和苯并（α）蒽的癌症危害为 B_2 类，蒽、荧蒽和芘的癌症危害为 D 类（表 3-5）。

表 3-5 　　　　　　　再生水厂出水多环芳烃组分检测结果　　　　　　　单位：ng/L

组分	密云再生水厂出水		怀柔再生水厂出水		US EPA 癌症危害 评价等级
	第一次	第二次	第一次	第二次	
蒽	47.3	4.70	8.57	—	D
荧蒽	21.8	—	—	—	D
芘	25.1	—	23	—	D
菲	28.2	4.64	4.59	—	B_2
屈	—	—	2.69	—	B_2
苯并（α）蒽	10.7	—	6.47	—	B_2

3.8.3　再生水厂出水有机氯农药（OCPs）

两座再生水厂出水水样中检测了 14 种 OCPs 组分，包括 α-六六六、β-六六六、δ-六六六、γ-六六六、4，4'-DDE、2，4'-DDT、4，4'-DDD、4，4'-DDT、七氯、六氯苯、艾氏剂、异狄剂、异狄氏剂和七氯环氧。

表 3-6 　　　　　　　再生水厂出水有机氯农药组分检测结果　　　　　　　单位：ng/L

组分	密云再生水厂出水		怀柔再生水厂出水		US EPA 癌症危害 评价等级
	第一次	第二次	第一次	第二次	
β-六六六	2.37	1.58	—	—	A
γ-六六六	1.22	—	—	—	A
4，4'-DDE	9.79	—	—	—	
4，4'-DDD	12.2	—	10.1	—	
七氯	3.94	7.63	4.03	—	B_2
艾氏剂	5.5	9.79	8.66	—	B_2

第一次检测中，密云再生水厂出水中共检测出 6 种 OCPs 组分，分别为 β-六六六、γ-六六六、4，4'-DDE、4，4'-DDD、七氯和艾氏剂，检出浓度绝大多数在 100 数量级，怀柔再生水厂出水检测出 4，4'-DDD、七氯和艾氏剂等 3 种组分，检出浓度也在 100 数量级。第二次检测时，两座再生水厂的 OCPs 检出组分比第一次明显减少，其中密云的检出 β-六六六、七氯和艾氏剂，而怀柔的无 OCPs 检出。在所有检出组分中 β-六六六、γ-六六六癌症危害为 A 类，七氯和艾氏剂癌症危害为 B_2 类（表 3-6）。

3.8.4　再生水厂出水酞酸酯（PAEs）

两座再生水厂出水水样中检测了 6 种 PAEs 组分，包括邻苯二甲酸二甲酯（DMP）、邻苯二甲酸二乙酯（DEP）、邻苯二甲酸二正丁酯（DnBP）、邻苯二甲酸丁基苄基酯（BBP）、邻苯二甲酸二正辛酯（DnOP）、邻苯二甲酸二（2-乙基己基）酯（DEHP）。第一次检测中，密云再生水厂出水检测出 DMP、DEP 和 DEHP 等 3 种组分，怀柔检测出 DEP 和 DEHP 组分。两座再生水厂 DEHP 的检出浓度较大，在 10^3 数量级。第二次检测时，密云再生水厂出水检出 DEHP 和 DnOP，怀柔仅检出 DEHP，此次检出的 DEHP 浓度较第一次的小。检出组分癌症危害最大的组分为 DEHP，为 B_2 类（表3-7）。

表3-7　　　　　　　　再生水厂出水酞酸酯组分检测结果　　　　　　　单位：ng/L

组分	密云再生水厂出水		怀柔再生水厂出水		US EPA 癌症危害评价等级
	第一次	第二次	第一次	第二次	
DMP	26.5	—	—	—	C
DEP	58.4	—	94.3	—	D
DEHP	2820	1050	3360	472	B_2
DnOP	—	210	—	—	—

3.9　再生水厂出水主要组分评价

由于两座再生水厂出水主要作为景观环境用水，因此依据 GB/T 19821—2002《城市污水再生利用景观环境用水水质》和 GB 3838—2002《地表水环境质量标准》，对两座再生水厂出水主要组分开展评价，评价组分包括 pH 值、BOD_5、DO、COD_{Mn}、粪大肠杆菌群、浊度、色度、TP、TN、NH_3—N、阴离子表面活性剂，且各组分评价值以检出均值表示。评价结果表明：密云再生水厂出水除 TP 和 TN 外，其他组分均符合 GB/T 19821—2002 要求，其中 TP 值为河道类规定限值 2.5 倍，TN 值超过规定限值 4 倍。密云再生水厂出水主要组分检出值与 GB 3838—2002 标准比较，COD_{Mn} 属于Ⅳ，TP 值为 2.53mg/L，超过Ⅴ类地表水标准（0.3mg/L）的 8 倍，属于劣Ⅴ，TN 值为 67.63mg/L，超过Ⅴ类地表水标准（2mg/L）的 32 倍，属于劣Ⅴ，pH 值、BOD_5、DO、NH_3—N 和阴离子表面活性剂等组分评价结果均在Ⅲ类地表水标准以内。怀柔再生水厂出水主要检出组分均符合 GB/T 19821—2002 要求，与 GB 3838—2002 标准比较，COD_{Mn} 属于Ⅳ类，TP 值为 0.26mg/L，属于Ⅴ类，TN 值为 13.71mg/L，超过Ⅴ类地表水标准（2mg/L）的 8 倍，属于劣Ⅴ，pH 值、BOD_5、DO、NH_3—N 和阴离子表面活性剂等组分评价结果均满足地表水Ⅲ类标准（表3-8）。

表3-8　　　　　密云及怀柔再生水厂出水主要检出指标评价结果　　　　　单位：mg/L

组分	密云再生水厂出水	怀柔再生水厂出水	GB/T 19821—2002（再生水）	GB 3838—2002（地表水）
pH 值（无量纲）	7.58	7.87	6～9	6～9
BOD_5	1.43	1.92	≤10（观赏河道） ≤6（其他类）	≤3（Ⅰ、Ⅱ类）

续表

组分	密云再生水厂出水	怀柔再生水厂出水	GB/T 19821—2002（再生水）	GB 3838—2002（地表水）
DO	8.36	8.63	≥1.5（观赏类） ≥2.0（娱乐类）	≥7.5（Ⅰ类）
COD_{Mn}	7.19	8.09	—	≤10（Ⅳ类）
浊度	2.22	1.50	—（观赏类） 5.0（娱乐类）	—
色度	28	17	≤30	—
TP	2.53	0.26	≤0.5（湖泊、水景类） ≤1.0（河道类）	≤0.3（Ⅴ类）
TN	67.63	13.71	≤15	≤2（Ⅴ类）
NH_3-N	0.26	0.70	≤5	≤0.5（Ⅱ类） ≤1（Ⅲ类）
阴离子表面活性剂	0.09	0.08	≤0.5	≤0.2（Ⅰ～Ⅲ类）
四氯化碳	—	0.018	0.03（以日计） 选择性指标	—
三氯甲烷	2.3×10^{-3}	1.4×10^{-3}	0.3（以日计） 选择性指标	—
四氯乙烯	0.29×10^{-3}	—	0.1（以日计） 选择性指标	—
邻苯二甲酸酯辛酯	0.21×10^{-3}		0.1（以日计） 选择性指标	

　　需要注意，两个标准中没有规定 DEHP 的限值，但 DEHP 在两座再生水厂出水中每次均有检出，而且浓度相对较大。DEHP 是一类能起到软化作用的化学制品，普遍应用于玩具、食品包装材料、医用血袋和胶管、乙烯地板和壁纸、清洁剂、润滑油、个人护理用品（如指甲油、头发喷雾剂、香皂和洗发液）等数百种产品中。其危害主要体现在以下两个方面：①危害儿童的肝脏和肾脏，引起儿童性早熟；②在人体和动物体内发挥着类似雌性激素的作用，可干扰内分泌，使男子精液量和精子数量减少，精子运动能力低下，精子形态异常，严重的会导致睾丸癌，是造成男子生殖问题的"罪魁祸首"。因此，对研究区有机物的监测结果一定要引起重视。

第4章 研究区污染源调查

由于研究区存在多种污染源，包括河流排污口、工业污水、垃圾填埋场、农业面源污染、畜牧养殖业、加油站等。为了更好地研究再生水入渗对地下水的影响，需对这些污染源进行调查分析。

4.1 排污口的分布和排污量

结合2004年《北京市地下水资源普查及水环境评价》项目中对排污口普查的成果，联合区县水务局对研究区排污口进行现场调查，目前研究区的河道排污口主要是雨水排放口，分布于城镇河流两边，如图4-1所示。

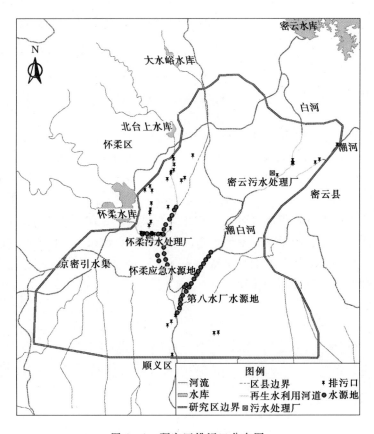

图4-1 研究区排污口分布图

4.2 工业污水排放

　　根据北京市工业现状、不同类型工业污水的主要污染组分及浓度，及其对浅层地下水水质潜在的影响程度，将工业污水排放企业分为化工工业、电镀业、造纸业、制革业、纺织印染业、食品制造业等对地下水污染具有严重威胁的行业（以下简称重污染工业）；排放污水对地下水污染程度较小的企业统一归为其他类（以下简称次污染工业）。根据污染源普查资料和现场摸底统计，研究区工业污水排放口主要位于怀柔城区及周边范围内，其次是密云县城区及经济开发区，顺义北部地区有少量工业污水排放口。2008 年底研究区工业污水排放口总数约为 180 个，排污量为 314.5m³/a，目前工业污水都通过管道排入再生水处理厂，如图 4-2 所示。

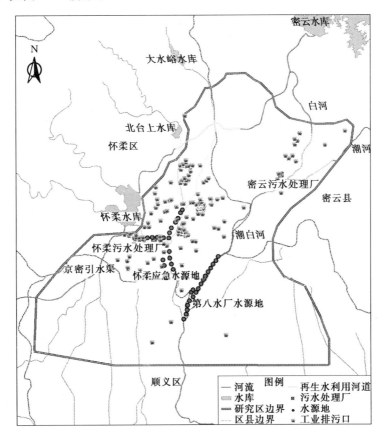

图 4-2　工业污水排放口

4.3 垃圾填埋场

　　研究区的生活垃圾、工业垃圾和建筑垃圾的产量较大，对周边的大气环境、生态环境和地下水环境已造成严重的污染和破坏。随着北京市经济的高速增长，居民生活水平的不断提高，城市生活垃圾的产量逐年攀升。本研究将垃圾填埋场分为正规垃圾填埋场和非正规垃圾填埋堆放场两种类型。按照垃圾类型将垃圾填埋堆放场分为生活垃圾、工业垃圾、建筑垃圾和混合垃圾四种。根据污染源普查资料和现场调查，研究区垃圾填埋堆放场主要位于怀柔区平原区、顺义北部地区的靠潮白河两岸地区。2008年年底研究区垃圾填埋场总数约为92个，垃圾总量为150万t/a。其中：正规垃圾填埋场数为20个，垃圾总量为50万t/a；非正规垃圾填埋堆放场数为92个，垃圾总量为25万t/a。生活垃圾和混合垃圾分别为69万t/a、6万t/a，垃圾填埋场分布如图4-3所示。

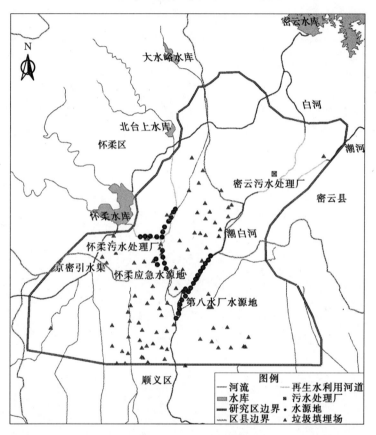

图4-3　垃圾填埋场

4.4　农业污染源调查

农田施用的化肥、农药和农家肥是地下水的主要污染源之一，化肥、农药和农家肥在大气降水和灌溉的作用下，入渗进入地下水，对地下水造成污染，危及饮用水的安全。统计数据表明，北京市农业化肥和农药施用量大大高于国际平均水平和全国平均水平，成为地下水污染源，对地下水水质构成威胁。本次农业污染源调查主要针对研究范围的农田面积、化肥施用量、农家肥施用量、农业使用量及污水灌溉5个方面。2008年年底研究区农田面积为2.6万hm²，化肥施用量为5047t/a、农家肥施用量为150t/a、农药使用量为

56.4t/a。

4.5 畜禽养殖业调查

畜禽养殖场已成为北京市水环境的一个重要污染源。养殖过程中，使用清洁的自来水冲洗饲养圈产生污水，排入沟渠、河流造成地表水污染或下渗造成地下水污染。清洁水体与养殖场的粪便等废弃物发生接触，使清洁水体受到污染。更不容忽视的是，大量的畜禽粪便归田后，在降雨和地表径流的作用下，营养成分流失造成地表水或地下水的面状污染。此次调查发现各类畜禽养殖场分布广泛，在研究区的密云、怀柔和顺义都有大量分布，总数量为98个，其中：养猪场36个，2008年末存栏11.25万头，年出栏11.60万头；牛场35个，2008年末存栏0.98万头，年出栏1.03万头；鸡场14个，2009年末存栏1093.7万只，年出栏733万只；鸭场11个，2009年末存栏70.9万只，年出栏422万只；羊场3个，2008年末存栏0.3万头，年出栏0.225万头。畜禽业分布如图4-4所示。

图4-4 畜禽业分布图

4.6 加油站调查

石油烃的化学成分包括易溶于水的单环芳烃和多环芳烃，对土壤和地下水而言，加油站是一个巨大的、潜在的、危险的污染源。其中，单环芳烃组分包括苯、甲苯、乙苯和二甲苯（简称 BTEX）等，当燃油泄漏时这些成分是引起土壤和地下水污染的常见有机污染物，已被列入美国环保局制定的 129 种有毒有机污染物"黑名单"，苯是较强的致癌物，对人体健康构成极大的威胁。根据统计资料和现场调查，2009 年底研究区共有加油站 36 家，其中属于中石化的加油站有 35 家，属于中石油的加油站 1 家，主要分布于国道 101 两边和怀柔、密云城区，其分布密度为 6 家/100km²。对这些加油站应重视其潜在污染，一旦发生燃油泄漏等突发性事件，很容易造成地下水补给区的有机污染，加之补给区地下水流速较快，污染晕很容易随着地下水水流向下游迁移扩散，危害难以估量。加油站分布如图 4-5 所示。

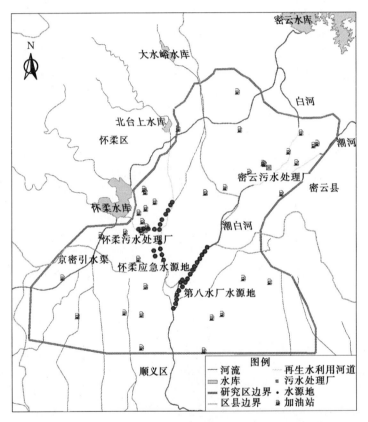

图 4-5 加油站分布图

对研究区污染源分布进行调查以及相关量化计算，对于鉴别再生水对地下水的影响以及建立地下水数学模型具有较好的支撑作用。

第5章 区域地下水动态变化规律分析与评价

5.1 区域地下水位动态变化规律分析

本研究收集了研究区内38眼地下水位监测井数据进行分析，监测时间为1999～2010年。各监测井的位置分布如图5-1所示。

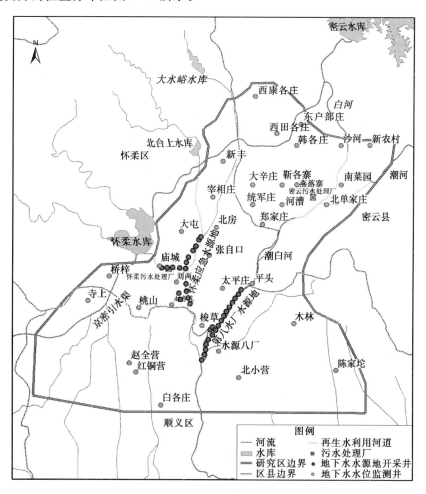

图5-1 研究区地下水位监测井分布

5.1.1 研究区地下水位变化规律分析

1. 顺义

顺义区共收集了10眼地下水监测井的水位监测数据，10眼地下水位监测井1999～

2009 年的地下水位变化曲线如图 5-2 所示。

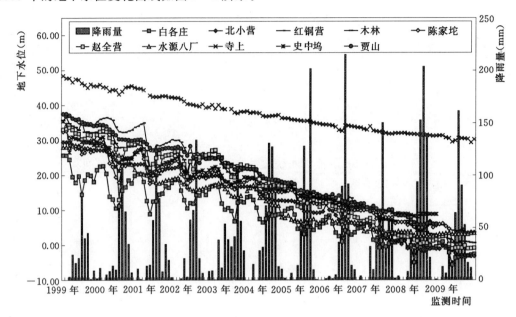

图 5-2　顺义区地下水位监测点的水位动态变化曲线

从图 5-2 中可以看出，顺义区地下水位随时间呈现出持续快速下降趋势，从 1999 年到 2009 年，地下水水位平均下降了约 30m。

从降雨与地下水位变化关系来看，顺义区大部分监测井受降雨影响明显，基本呈现出春季下降，秋季上升的趋势，说明降雨是大部分地区的主要补给来源。只有寺上监测井的水位随降雨曲线变化不明显，且地下水位下降幅度较小，分析其中原因，主要是由于寺上位于顺义区北石槽镇，属于山前地下水补给区，侧向地下水补给在一定程度上减缓了地下水位的下降趋势。

2. 怀柔

从怀柔的地下水位多年变化曲线来看（图 5-3），大多数监测井的地下水位呈现出明显下降趋势，但桥梓、新丰和桃山监测井的地下水位下降速率较小。这主要是由于桥梓、新丰和桃山监测井位于山前地区，山区侧向补给在一定程度上减缓了地下水位的下降速率。此外，怀柔水库的渗漏对缓解地下水位下降速率也起到了一定作用。

3. 密云

密云县地下水位呈现出明显的两个变化趋势（图 5-4），河槽、大辛庄、统军庄、平头监测井的地下水位呈现持续下降趋势，而其他监测点的地下水位则基本比较平缓，基本没有下降趋势。分析其中原因，可能是由于其他监测点距离密云水库较近，地下水受到密云水库渗漏补给，因此没有明显下降趋势。

从降雨与地下水位变化关系来看，密云地区地下水位随降雨呈现出一定的变化规律，由于该区开采强度相对于怀柔与顺义较小，同时还接受山区补给，部分监测井地下水水位变化较为平缓。

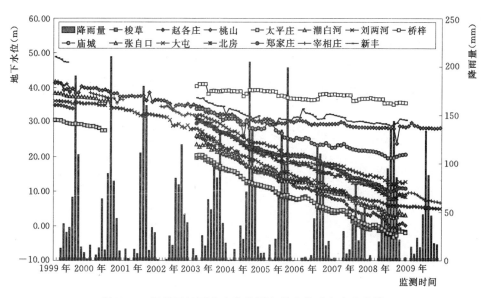

图 5-3 怀柔区地下水水位监测点的水位动态变化曲线

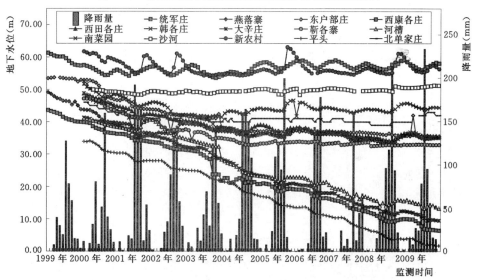

图 5-4 密云县地下水位监测点的水位动态变化曲线

5.1.2 研究区地下水位等值线变化规律分析

根据研究区 38 眼地下水监测井数据，分别绘制了 2003 年、2006 年和 2009 年的区内地下水位等值线，如图 5-5~图 5-7 所示。

对比 2003 年、2006 年和 2009 年的地下水位等值线变化，可以看到，研究区地下水位总体流向基本保持不变，为从东北至西南，但研究区地下水位总体呈现下降趋势，其中第八水厂水源地、怀柔应急水源地和顺义区牛栏山周边地区地下水位下降速率最快。第八水厂水源地地下水位下降主要受第八水厂、东府水源地和北小营水源地开采的影响，怀柔应急水源地地下水位下降主要受水厂应急开采影响，牛栏山水源地地下水位下降主要受顺义第二水源地、顺义第三水源地和赵全营水源地的开采影响。

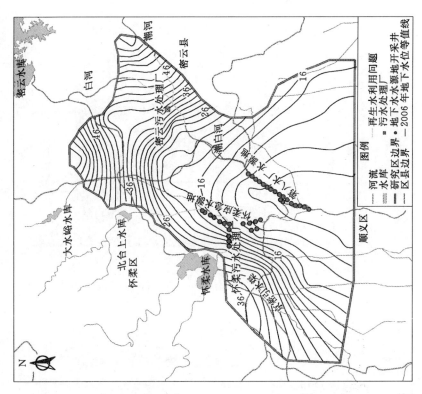

图 5 - 6 研究区 2006 年地下水位等值线

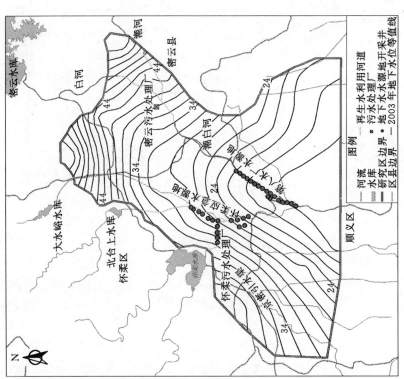

图 5 - 5 研究区 2003 年地下水位等值线图

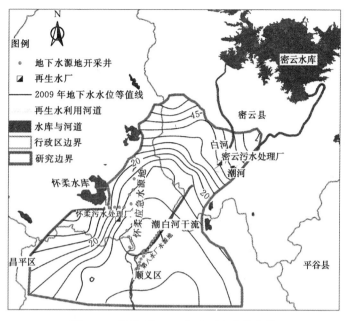

图 5-7 研究区 2009 年地下水位等值线

5.2 研究区地下水水质动态变化规律研究

根据研究区地下水质监测井的监测数据进行分析，监测时间为 2000～2010 年。监测井的位置分布如图 5-8 所示。

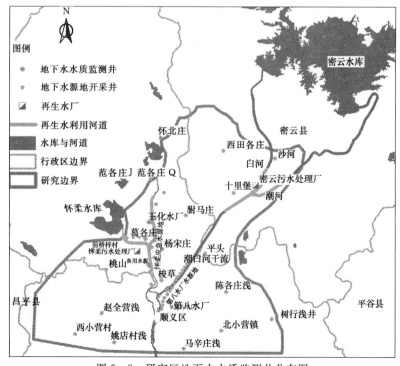

图 5-8 研究区地下水水质监测井分布图

5.2.1　典型监测井的水质变化规律分析

本研究主要针对怀河再生水入渗对周边地下水的影响，以及潮河、白河再生水入渗对周边地下水的影响，因此分别在怀河、潮河和白河周边选择典型监测井的长期地下水水质监测数据进行水质变化规律分析。

1. 潮河、白河周边典型监测井地下水水质变化规律分析

本研究主要选择时间序列比较长的十里堡、西田各庄和沙河监测井，对潮河、白河周边的地下水水质变化规律进行分析，污染物主要选择了氯化物、$NO_3—N$、$NH_3—N$、$NO_2—N$、总硬度和 COD_{Mn}，如图 5-9~图 5-14 所示。

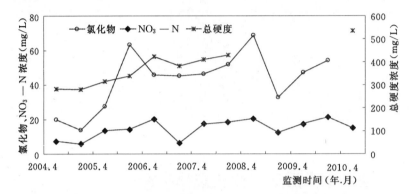

图 5-9　十里堡监测井氯化物、$NO_3—N$、总硬度水质变化趋势

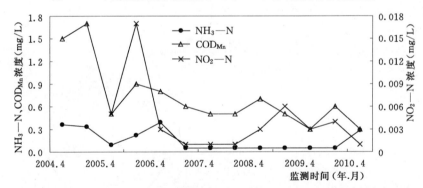

图 5-10　十里堡监测井 $NH_3—N$、COD_{Mn}、总硬度水质变化趋势

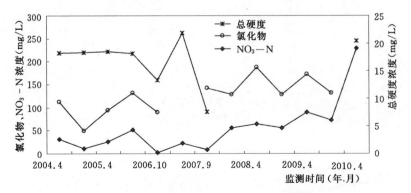

图 5-11　西田各庄监测井氯化物、$NO_3—N$、总硬度水质变化趋势

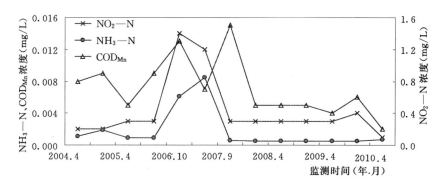

图 5-12 西田各庄监测井 NH_3—N、COD_{Mn}、总硬度水质变化趋势

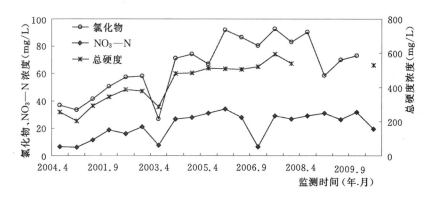

图 5-13 沙河监测井氯化物、NO_3—N、总硬度水质变化趋势

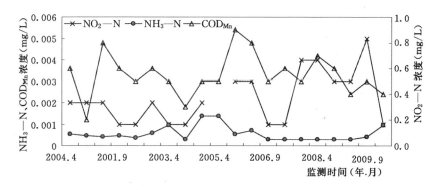

图 5-14 沙河监测井 NH_3—N、COD_{Mn}、总硬度水质变化趋势

可以看到，在无论是十里堡、西田各庄，还是沙河，监测井中的氯化物、总硬度和 NO_3—N 近年来均呈现出上升趋势，说明潮河、白河周边地下水近年来呈现出水质恶化趋势。监测结果显示，监测井中的 COD_{Mn} 呈现出下降趋势，说明潮河和白河周边地下水环境主要处于氧化环境。NH_3—N 和 NO_2—N 则没有明显的变化趋势，这可能与 NH_3—N 和 NO_2—N 检出浓度低有关。

2. 怀河周边典型监测井地下水水质变化规律分析

本研究分别选择怀河周边的杨宋庄和梭草监测井，对怀河周边的地下水水质变化规律进行分析，污染物主要选择了氯化物、NO_3—N、NH_3—N、NO_2—N、总硬度和 COD_{Mn}，如图 5-15～图 5-18 所示。

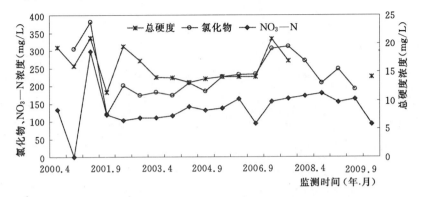

图 5-15　杨宋庄监测井氯化物、NO_3—N、总硬度水质变化趋势

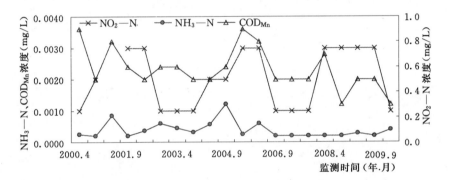

图 5-16　杨宋庄监测井 NH_3—N、COD_{Mn}、总硬度水质变化趋势

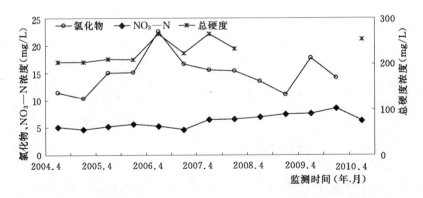

图 5-17　梭草监测井氯化物、NO_3—N、总硬度水质变化趋势

从污染物的浓度变化趋势来看，怀河周边监测井中的污染物浓度基本表现为反复的上升—下降趋势，这与水文地质调查结果相符。潮河和白河周边的含水层介质基本为单一的砂卵砾石层，因此污染物较容易渗入地下水中，而怀河周边的含水层介质为多层结构，在含水层之间夹有多层黏土层，这些黏土层在一定程度上阻滞了污染物向地下水中的迁移。

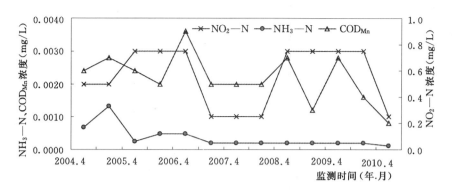

图 5-18　梭草监测井 NH_3—N、COD_{Mn}、总硬度水质变化趋势

5.2.2　区域历史水质综合评价分析

由于研究区于 1999 年开始利用再生水作为景观用水，为了更好地分析评价再生水对地下水的影响，十分有必要对研究区历史地下水水质情况进行分析评价，采用单因子指标法对受水区浅层地下水进行评价。为全面评价研究区地下水水质现状，本研究以 GB/T 14848—93《地下水质量标准》中检测项目为基础，结合地下水模型所需，并参考地下水水质全样分析结果，共计检测项目 16 项：砷、氟化物、氯化物、NO_3—N、硫酸盐、pH 值、NH_3—N、氰化物、挥发酚、总硬度、亚硝酸盐、溶解性总固体高锰酸钾指数、阴离子合成洗涤剂、嗅和味、浑浊度、色度。

1. 评价方法

对研究区地下水的质量现状评价分别采用单项组分评价方法和地下水质量综合评价方法进行评价。

首先根据 GB/T 14848—93《地下水环境质量标准》，进行单项组分评价，划分组分所属质量类别。

刘各类别按表 5-1 中的规定，分别确定单项组分评价分值 F_i。

表 5-1　　　　　　　　　　　F_i 取值参考

类别	I	II	III	IV	V
F_i	0	1	3	6	10

然后采用式（5-1）和式（5-2）计算地下水质量综合评价分值 F。

$$F = \sqrt{\frac{\overline{F}^2 + F_{max}^2}{2}} \tag{5-1}$$

$$\overline{F} = \frac{1}{n}\sum_{i=1}^{n} F_i \tag{5-2}$$

式中：$\overline{F}$ 为各单项组分评价分值 F_i 的平均值；F_{max} 为单项组分评价分值 F_i 的最大值；n 为项数。

根据计算得到的地下水质量综合评价分值 F，按表 5-2 中的规定划分地下水质量级别。

表 5 - 2 地下水质量级别划分标准

级别	优良	良好	较好	较差	极差
F	<0.80	0.80~2.50	2.50~4.25	4.25~7.20	>7.20

2. 综合评价成果

采用以上方法，对 2003 年、2005 年、2007 年的地下水水质进行了综合评价，评价成果如图 5-19～图 5-21 所示。

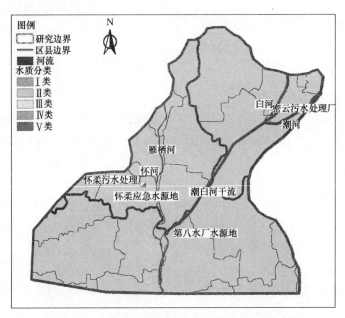

图 5-19　2003 年地下水水质综合评价图

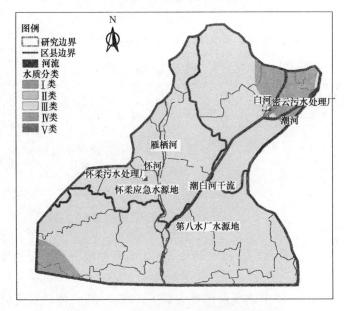

图 5-20　2005 年地下水水质综合评价图

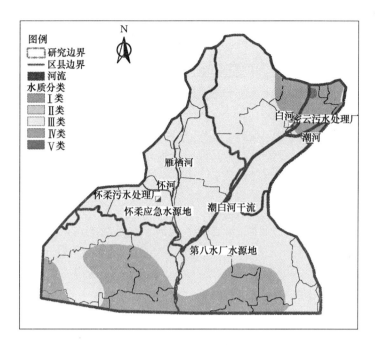

图例
研究边界
区县边界
河流
水质分类
Ⅰ类
Ⅱ类
Ⅲ类
Ⅳ类
Ⅴ类

白河密云污水处理厂
潮河
雁栖河
怀河
怀柔污水处理厂
怀柔应急水源地
潮白河干流
第八水厂水源地

图 5-21 2007 年地下水水质综合评价图

　　根据综合评价结果进行分析，研究区的水质有逐渐变差的趋势；2003 年、2005 年、2007 年再生水对地下水未产生显著影响，但不能说明再生水对地下水未产生影响。从地质环境条件来看，该区缺乏具有隔污能力强的隔污层，属于地质环境脆弱、防污性能极差的区域。但从水文地质环境考虑，含水层岩石颗粒粗，孔隙大，地下水径流畅通，交替循环速度快，污染物难以滞留、积累。由于再生水入渗补给地下水周边并无太多历史监测井，因此为了更好地评价再生水对地下水环境的影响，对再生水利用区周边的地下水监测井进行加密显得十分重要。

第6章 再生水入渗区地下水环境
动态变化规律分析

6.1 地下水监测网的建立

通过大量调研及分析研究区实际情况，确定建立地下水环境监测网的基本依据如下：

（1）在总体上和宏观上应用控制研究区不同的水文地质单元，反映所在区域地下水的环境质量状况和地下水质量空间变化。

（2）监控地下水重点污染区及可能产生污染的地区，监视污染源对地下水的污染程度及动态变化，以反映所在区域地下水的污染特质。

（3）能反映地下水补给源和地下水与地表水（再生水）的水力联系。

（4）监控地下水位下降的漏斗区以及本区域的特殊水文地质问题。

（5）监测点网布设密度的原则：研究重点区即再生水入渗影响区密，一般区稀；城区密，农村稀；地下水污染严重地区密，非污染区稀。尽可能以最少的监测点获取足够的有代表性的环境信息。

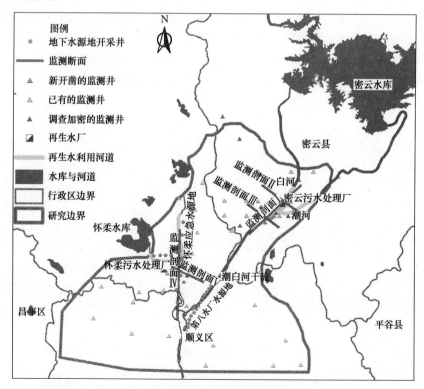

图6-1 加密后的地下水监测网

在市级监测网及区县监测网的基础上，根据以上原则进行加密，并借助 Google earth 系统建立地下水监测网，共设置监测井 58 眼，监测密度 1 个/15km²，在再生水影响区，监测密度达到 1 个/10km²，形成垂直于流场与河道的断面 5 条，如图 6-1 所示。

每一条断面包括的监测井及其作用介绍如下：

（1）监测断面 I。南菜园—潮汇大桥—新开凿井 1—新开凿井 2—新开凿井 3—新开凿井 4；沿流场方向布设，对比密云再生水入渗与二级出水入渗对地下水的影响，以及密云再生水厂再生水入渗与二级出水入渗补给地下水的水质变化规律。

（2）监测断面 II。靳各寨—十里堡—潮汇大桥—北单家庄—潮白河管理处监测井；垂直于河道断面，监测密云再生水入渗对地下水的影响。

（3）监测断面 III。河漕水厂—东户各庄—开发区西—新开凿井 4；垂直于河道断面，监测二级出水入渗对地下水的影响。

（4）监测断面 IV。庙城—小杜两河—刘两河—肖两河—仙台—太平庄；沿流场方向布设，监测怀柔再生水厂出水入渗对地下水的影响。

（5）监测断面 V。葛各庄—李两河—刘两河—赵各庄；垂直于河道断面，监测怀柔再生水厂出水入渗对地下水的影响。

6.2 地下水水质监测

1. 常规水质监测

常规水质监测点选择 5 条剖面的地下水监测井。监测井名称为：南菜园、潮汇大桥、新开凿井 1、新开凿井 2、新开凿井 3、新开凿井 4、靳各寨、十里堡、北单家庄、潮白河管理处监测井、河漕水厂、东户部庄、开发区西、庙城、小杜两河、刘两河、肖两河、仙台、太平庄、葛各庄、李两河、刘两河、赵各庄。对于另外 35 眼监测井，再生水的影响很小，但由于建立地下水溶质运移模型的需要，每年监测两次，时间安排在每年的 4 月及 9 月。

自 2009 年 10 月～2011 年 12 月，每月监测 1 次。监测项目主要指标参考 SL 368—2006《再生水水质标准》。

（1）常规指标。色度、浊度、嗅和 pH 值。

（2）有机污染物指标。DO、BOD_5 和 COD_{cr}。

（3）无机污染物指标。总硬度、$NH_3—N$、$NO_2—N$、溶解性总固体、汞、镉、砷、铬、铁、锰、氟化物和氰化物。

（4）生物学指标。粪大肠菌群。

2. 地下水水位监测

所有地下水环境监测井的地下水水位埋深每月开展 1 次统测，与地下水采样时间同步。

研究区内的地下水环境监测网建设经历了不断完善的过程。自北京市水文总站成立以来，就开始对研究区内的地下水水位和水质进行监测。1999～2003 年，研究区内地下水水质监测井仅有 3 眼。2004～2005 年，研究区内监测点增加至 10 眼。2006～2009 年，监测井增加至 33 眼。为了深入细致地研究再生水排放对地下水资源环境的影响，通过区县水务局的协助，在研究区内利用现有开采井增加了 17 眼监测井。同时，在密云再生水河道排放口下游布设 1#、2#、3# 和 4# 共 4 眼地下水监测井。因此，本次研究的第四系地下水水质监测井共有 54 眼，如图 6-1 所示。

6.3 水质监测剖面及其变化规律

根据现有的 54 眼地下水水质监测井，可构建地下水水质监测剖面，通过水质监测数据，反映再生水入渗对地下水水质的影响程度。

6.3.1 南菜园—1#—2#—4#—3#—平头剖面

该剖面为密云再生水厂河道排放口处平行于地下水水流的剖面。由于再生水与地下水之间的水质差异主要表现为氯离子（Cl^-）、钠离子（Na^+）、钾离子（K^+）、NH_3—N、NO_3—N、NO_2—N、COD_{Mn}、总硬度等，为标识再生水入渗对地下水的影响程度，主要根据这些指标的浓度变化进行判断。

根据 2009 年 9 月、2010 年 5 月和 2010 年 9 月剖面上 6 眼井 Cl^-、Na^+、K^+、NH_3—N、NO_3—N、NO_2—N、COD_{Mn}、总硬度等八种水质指标的浓度分布（图 6-2～图 6-9），可以看出，Cl^-、Na^+、K^+、NH_3—N、NO_2—N、COD_{Mn} 的浓度均表现为 1#～4# 的浓度显著高于南菜园和平头两监测井，而 1#～4# 的总硬度则明显低于南菜园和平头。NO_3—N 的浓度对比则不显著，其原因可能是：①6 眼井的 NO_3—N 浓度均较高，②再生水入渗过程中受到硝化作用的影响。但根据其余 7 种组分的浓度对比，可以判断出 1#～4# 显著受到再生水的影响，南菜园和平头受再生水入渗影响的可能性较小。

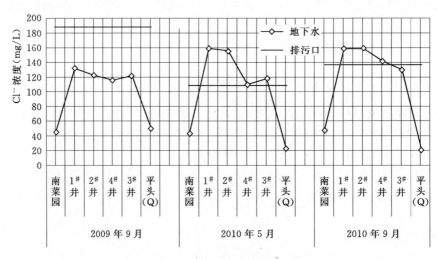

图 6-2 不同时刻剖面上 Cl^- 浓度对比

南菜园位于再生水排放口的北部（图 6-10），即地下水流向的上游，不可能受再生水入渗影响，而平头位于地下水流向的下游，存在受影响的可能性。根据南菜园和平头上述 8 种水质指标的长期监测数据，可判断再生水入渗是否对它们产生影响。从再生水排放

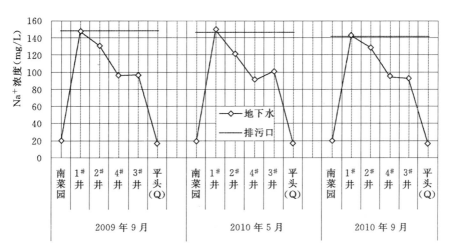

图 6-3 不同时刻剖面上 Na$^+$ 浓度对比

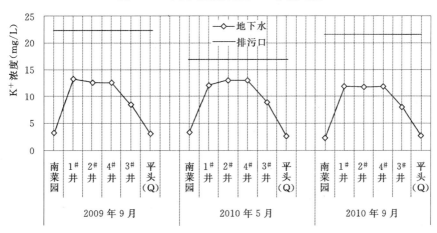

图 6-4 不同时间剖面上 K$^+$ 浓度对比

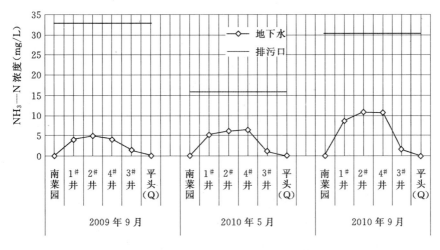

图 6-5 不同时刻剖面上 NH$_3$—N 浓度对比

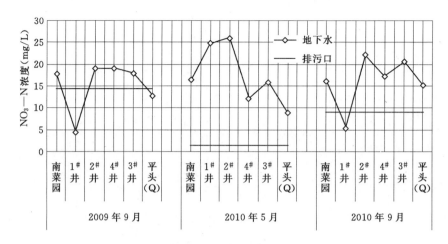

图 6-6　不同时间剖面上 $NO_3—N$ 浓度对比

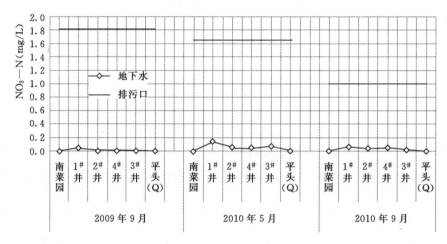

图 6-7　不同时刻剖面上 $NO_2—N$ 浓度对比

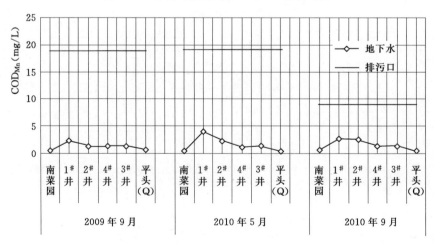

图 6-8　不同时刻剖面上 COD_{Mn} 对比

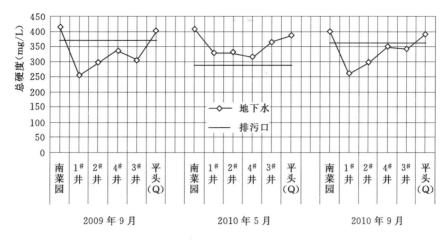

图 6-9 不同时刻剖面上总硬度浓度对比

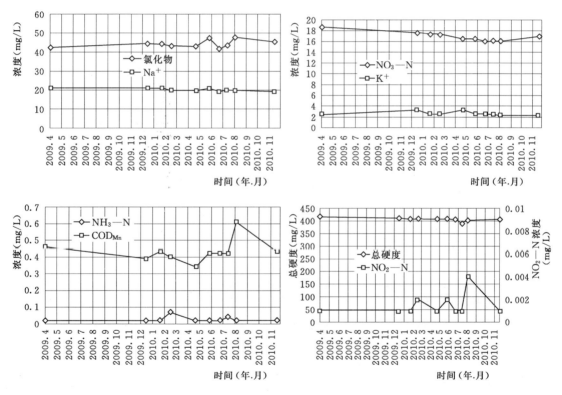

图 6-10 南菜园水质历时变化曲线

口上游南菜园监测井中 8 种指标的水质历时曲线看，自 2009 年 4 月至 2010 年 11 月，各水质指标的浓度变化非常平稳。不论从地下水流向，还是从各水质指标浓度变化趋势的角度看，南菜园应未受到再生水入渗的影响。

根据平头 4 年（2006 年 4 月～2010 年 7 月）的各水质指标浓度历时变化（图 6-11）可看出，各指标浓度变幅虽然较大，但水质浓度未在波动过程中呈现升高的趋势，表明河道再生水入渗至地下后，尽管各无机组分随水流向下游迁移，但尚未影响到平头。

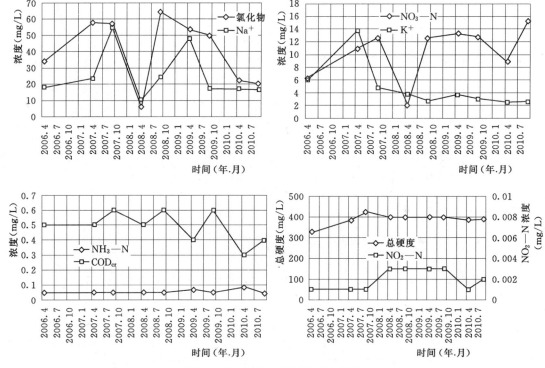

图 6-11　平头水质历史变化曲线

6.3.2　靳各寨浅井—排山公司—河槽 1—河槽 2—3#—1#—潮白河管理所—北单家庄剖面

该剖面垂直于地下水流向，为反映潮白河再生水排放对两侧地下水环境的影响，该剖面涵盖河道两侧 2.5km 范围内的水质监测井。根据剖面上各监测井 Cl^-、Na^+、K^+、NH_3—N、NO_3—N、NO_2—N、COD_{Mn}、总硬度等 8 种组分浓度的变化（图 6-12）可以看出：

（1）1# 和 3# 井的 Cl^-、Na^+、K^+、NH_3—N、NO_2—N、COD_{Mn} 的浓度明显高于两侧监测井，而其总硬度明显低于两侧监测井。

（2）根据 2009 年 2 月～2010 年 11 月各水质指标的浓度变化，河道两侧的监测井水质浓度变化较为平稳，尤其是可以表征再生水与地下水水质差异性的 Na^+、Cl^-、K^+、COD_{Mn} 的浓度非常稳定，未呈现出浓度上升的趋势，两侧井的总硬度也未呈现出下降的趋势。

（3）两年的监测数据对于判定水质变化趋势而言虽然较短，但其平稳变化则表明：再生水入渗很可能未影响到两侧监测井，在地下水水流作用下，再生水入渗地下后将会沿流线向下游迁移，向两侧扩散有限。即使已对两侧监测井产生影响，其影响程度较小。

研究区密云县内长期水质监测点只有 3 个，即沙河（1999 年至今）、西田各庄（2003 年至今）和十里堡（2003 年至今）。其中，十里堡监测井距再生水排放河道最近，约 1.3km。根据 3 个监测点的水质浓度历时变化，十里堡 NH_4—N、COD_{Mn} 变化较为平稳，而 Cl^-、NO_3—N、Na^+ 和总硬度则表现出显著的升高态势。据已有资料，密云再生水厂的前身为檀州污水处理厂，建于 1991 年，SBR 二级出水直接排入河道，入渗进入地下水，十里堡水质浓度升高的态势可能与再生水的排放具有密切联系。

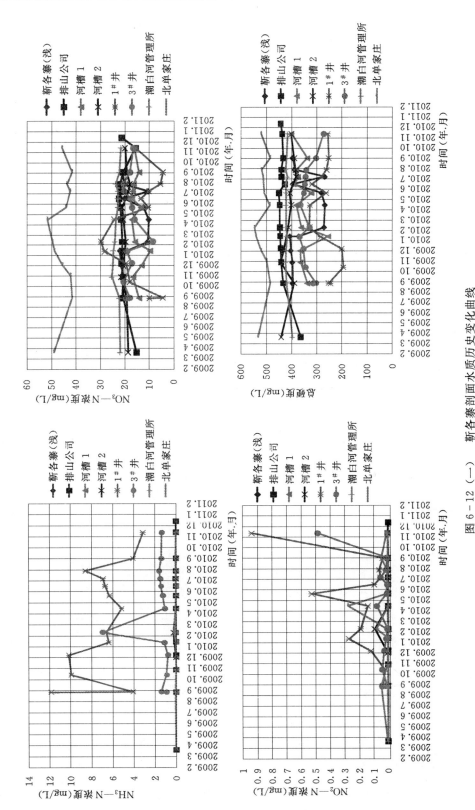

图 6 - 12 （一）　靳各寨剖面水质历史变化曲线

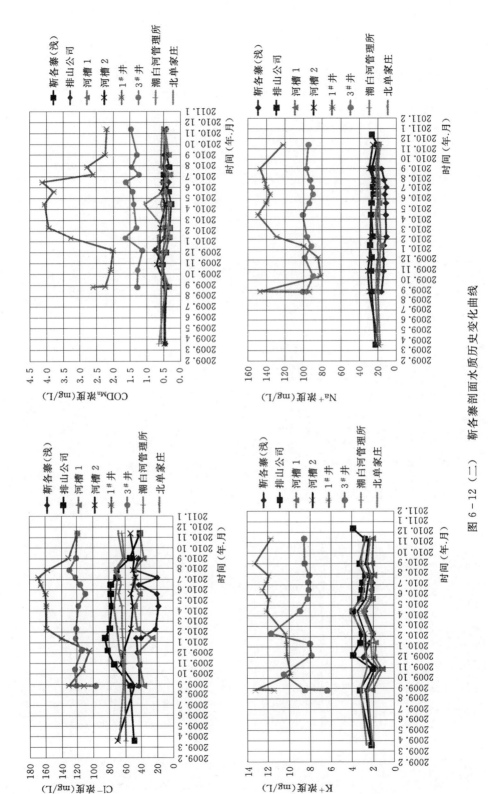

图 6 - 12（二）　靳各寨剖面水质历史变化曲线

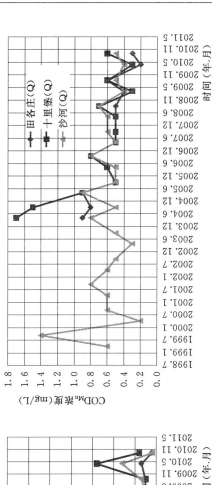

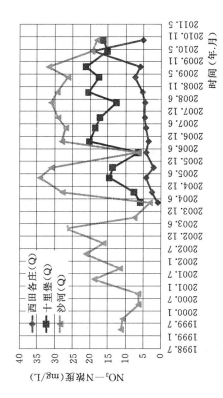

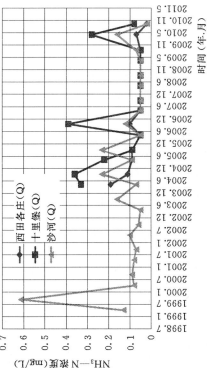

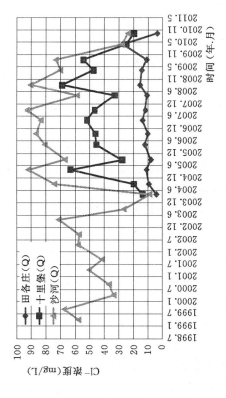

图 6-12 (三) 靳各寨剖面水质历史变化曲线

沙河监测井在早期明显受到污染，其 Cl^-、$NO_3—N$、Na^+ 和总硬度浓度经过初期的升高后已进入平稳状态；西田各庄监测井水质良好，虽然上述 4 种指标在长期变化中呈现升高态势，但升幅较小。

6.4 研究区地下水质量现状评价

6.4.1 地下水质量现状评价成果

选用 43 眼监测井，采用 2010 年监测井丰、枯两季的水质监测平均值（表 6-1），评价指标选用 pH 值、溶解性总固体、氯化物、硫酸盐、总硬度、COD_{Mn}、$NH_3—N$、$NO_3—N$、$NO_2—N$、氟化物、砷、挥发酚、阴离子表面活性剂、铁、锰等 15 项指标，评价标准选用 GB/T 14848—93《地下水质量标准》。

首先根据 GB/T 14848—93《地下水质量标准》进行单项组分评价，划分组分所属质量类别，对照表 5-1 确定单项组分评价分值 F_i，然后采用式（5-1）和式（5-2）计算地下水质量综合评价分值，并根据表 5-2 确定各监测点的地下水质量级别（表 6-2）。评价结果详见表 6-3。

从评价结果可以看出，怀柔区目前地下水质普遍较好，水质均为 II 类；顺义区局部地区地下水质为 IV 类，大部分地区水质属于 II 类；密云县潮白河干流、潮河、白河周边地下水水质普遍较差，尤其是潮白河干流处水质已达 V 类，属于极差水（图 6-13）。

从水质评价过程来看，研究区内地下水中的主要污染物为 $NH_3—N$、$NO_3—N$、$NO_2—N$、总硬度、锰等，由于锰浓度高的原因一般为天然形成，因此针对 $NH_3—N$、$NO_3—N$、$NO_2—N$ 和总硬度进一步开展了单项组分评价，并绘制了单项组分评价分区图，评价结果如图 6-14～图 6-17 所示。

从评价结果可以看到，密云县现在地下水的主要污染物为 $NH_3—N$、$NO_3—N$、$NO_2—N$ 和总硬度。其中 $NO_2—N$ 和 $NO_3—N$ 主要污染范围为潮河和白河交汇处，$NH_3—N$ 主要污染范围为潮白河干流密云段，总硬度主要污染范围为沙河、十里堡，以及北单家庄周边。

顺义区局部地区存在 $NH_3—N$ 和总硬度超标现象，$NH_3—N$ 主要超标范围为西小营地区，总硬度主要超标范围为第八水厂水源地周边。

怀柔区水质则相对较好，所评价水质指标均满足地下水质量 III 类标准。

6.4.2 舒卡列夫分类

根据水样中各宏量组分的毫克当量百分数（相对值），运用舒卡列夫分类法可判断地下水的水化学类型。毫克当量百分数分别以阴阳离子的毫克当量为 100%，求取各阴阳离子所占的毫克当量百分比。舒卡列夫分类根据地下水中的阳离子 Na^+、Ca^{2+}、Mg^{2+} 和地下水中的阴离子 HCO_3^-、Cl^-、SO_4^{2-} 的毫克当量百分数，将含量大于 25% 的毫克当量的阴离子和阳离子进行组合，划分水化学类型。

经毫克当量计算，并按照舒卡列夫水质分类（表 6-4），研究区受再生水回补影响的地下水监测井的水化学类型主要是 $HCO_3Cl—CaK$ 与 $HCO_3Cl—CaKMg$ 型，而未受再生

表 6-1　2010 年研究区地下水水质监测平均值

单位：mg/L

序号	站名	pH值	溶解性总固体	氯化物	硫酸盐	总硬度	COD$_{Mn}$	NH$_3$-N	NO$_3$-N	NO$_2$-N	氟化物	砷	挥发酚	阴离子表面活性剂	铁	锰
1	怀北庄	7.45	675	10.195	40.55	367	0.4	0.1005	9.575	0.001	0.175	0.001	0.00115	0.05	0.165	0.01
2	前桥梓	7.6	311.5	6.785	34	242	0.3	0.03	6.74	0.001	0.765	0.001	0.00115	0.05	0.03	0.01
3	前辛庄	7.65	274	1.89	17.9	201.5	0.25	0.046	1.88	0.001	0.25	0.001	0.00115	0.05	0.03	0.01
4	棱草	7.65	313	3.865	27.65	255	0.25	0.0285	7.79	0.001	0.295	0.001	0.00115	0.05	0.03	0.01
5	桃山	7.55	327	4.575	24.75	248	0.3	0.035	2.605	0.001	0.285	0.001	0.00115	0.05	0.03	0.01
6	王化水厂	7.6	383	6.98	23.15	316.5	0.3	0.035	2.48	0.001	0.275	0.001	0.00115	0.05	0.03	0.01
7	兴怀水厂	7.6	286	3.815	19.15	223	0.4	0.0405	5.48	0.001	0.185	0.001	0.00115	0.05	0.09	0.01
8	雁栖水厂	7.65	377	3.71	20.75	308	0.2	0.106	3.715	0.001	0.195	0.001	0.00115	0.05	0.03	0.01
9	杨宋庄	7.6	305	4.85	26.1	227	0.3	0.06	7.46	0.001	0.285	0.001	0.00115	0.05	0.03	0.01
10	东白岩	7.5	407.5	17.45	105.4	325	0.3	0.097	7.67	0.0025	0.21	0.001	0.00115	0.05	0.055	0.025
11	平头	7.65	515	21.55	43.75	388	0.35	0.0665	12.11	0.0015	0.265	0.001	0.00115	0.05	0.075	0.01
12	葡萄园	7.85	222	3.93	35.25	222	0.3	0.086	2.57	0.001	0.285	0.001	0.00115	0.05	0.035	0.01
13	沙河	7.5	866.5	25.9	113.4	532	0.45	0.09	18.7	0.002	0.23	0.001	0.00115	0.05	0.03	0.01
14	十里堡	7.55	695.5	22.35	70.8	538	0.45	0.1805	15.7	0.001	0.245	0.001	0.00115	0.05	0.07	0.015
15	西田各庄	7.85	206.5	15.45	60.7	247	0.25	0.0455	12.15	0.001	0.285	0.001	0.00115	0.05	0.03	0.02
16	陈各庄	7.94	339.5	13.1	15.25	193	0.47	0.035	3.635	0.003	0.525	0.0019	0.002	0.05	0.045	0.01
17	八厂水源地	7.705	381	16.45	21.69	258.5	0.49	0.055	4.865	0.003	0.46	0.0014	0.002	0.05	0.06	0.01
18	东府	7.89	413.5	18	45.2	281	0.49	0.09	6.32	0.006	0.28	0.00385	0.002	0.065	0.24	0.01
19	马辛庄	7.81	387	17.85	23.235	178	0.45	0.04	3.13	0.003	0.385	0.00145	0.002	0.05	0.065	0.01
20	树行	7.95	314	9.3	13.15	234.5	0.41	0.04	1.335	0.003	0.575	0.0012	0.002	0.05	0.14	0.05
21	天竺	8.12	306.5	10.85	11.45	203	0.86	0.425	0.14	0.003	0.395	0.01755	0.002	0.05	0.24	0.08
22	田家营	8.14	307	8.7	15.05	200.5	0.75	0.2	0.335	0.0255	0.485	0.01005	0.002	0.05	0.195	0.095

续表

序号	站名	pH值	溶解性总固体	氯化物	硫酸盐	总硬度	COD_{Mn}	NH_3-N	NO_3-N	NO_2-N	氟化物	砷	挥发酚	阴离子表面活性剂	铁	锰
23	西田各庄	8.085	356	10.25	13.945	261.5	1.03	0.065	0.235	0.003	0.485	0.0171	0.002	0.05	0.135	0.015
24	西小营	7.935	310	8.4	7.98	258.5	0.45	0.28	0.31	0.003	0.485	0.00595	0.002	0.05	0.15	0.09
25	小段	7.87	310.5	12.25	13.25	238	0.39	0.035	2.73	0.003	0.555	0.001	0.002	0.115	0.075	0.01
26	姚店	8.09	361.5	9.6	14.95	182.6	0.86	0.035	0.325	0.0035	0.535	0.0039	0.002	0.05	0.14	0.025
27	赵全营	7.895	371	11.9	18.695	254.5	0.39	0.04	1.36	0.003	0.445	0.0024	0.002	0.05	0.075	0.02
28	1#井	7.455	685	145	79.9	291.5	3.09	5.345	17.19	0.114	0.37	0.001	0.0015	0.0665	0.1035	1.374
29	2#井	7.2	715.5	127.5	85.45	295	1.79	5.98	22.35	0.012	0.23	0.001	0.0015	0.064	0.11	4.85
30	3#井	7.305	683.5	121	89.7	317	1.3	4.21	13.135	0.007	0.225	0.001	0.001	0.05	0.0785	0.515
31	4#井	7.275	744	122.5	80.1	355.5	1.375	2.76	17.1	0.0105	0.205	0.001	0.0015	0.05	0.165	0.161
32	北草家庄	7.785	742	66.8	62.95	515.5	0.535	0.155	45.6	0.031	0.17	0.001	0.001	0.05	0.087	0.0355
33	潮白河管理所	7.64	586	62.15	53.2	421.5	0.405	0.045	23.35	0.044	0.255	0.001	0.001	0.05	0.015	0.0695
34	大杜两河果园	7.465	602.5	119.5	67.55	303.5	1.595	0.03	5.53	0.0045	0.415	0.001	0.0015	0.05	0.088	0.0115
35	大杜两河奶牛场	7.42	640	121.5	43.35	346.5	1.265	0.025	2.155	0.0035	0.295	0.001	0.001	0.05	0.016	0.01
36	靳各寨	7.725	432	32	36.95	334	0.365	0.04	15.9	0.002	0.3	0.001	0.001	0.05	0.023	0.0205
37	庙城	7.65	347.5	26.3	29.15	264	0.46	0.02	2.775	0.002	0.25	0.0015	0.001	0.05	0.0075	0.001
38	南菜园	7.645	556.5	45.5	82.7	405	0.505	0.045	16.7	0.003	0.23	0.001	0.001	0.05	0.009	0.0045
39	排山公司	7.565	629.5	66.4	59.8	440.5	0.47	0.04	20.95	0.002	0.235	0.001	0.001	0.05	0.0145	0.0115
40	群英冀	7.44	641	77.45	73.45	408.5	0.495	0.02	8.915	0.002	0.225	0.001	0.001	0.05	0.01	0.001
41	小杜两河菜园	7.46	503	59.9	49.45	344.5	0.885	0.02	7.39	0.0025	0.255	0.001	0.001	0.05	0.0305	0.001
42	小杜两河养殖区	7.475	669	110.6	51.7	404	0.765	0.02	12.1	0.0045	0.21	0.001	0.0015	0.05	0.1175	0.0105
43	肖两河菜园	7.325	652	123	70.15	336.5	0.965	0.02	5.505	0.0045	0.38	0.002	0.001	0.05	0.0625	0.02

表 6 - 2　地下水水质单因子评价结果

取样点	砷	氟	氰	NO₃-N	硫酸盐	pH值	NH₃-N	挥发酚	总硬度	NO₂-N	溶解性总固体	CODₘₙ	肉眼可见物	嗅和味	浑浊度	色度
潮白河管理所	I	I	II	IV	I	I	I	I	III	I	III	I	I	I	I	I
河槽	I	I	I	II	I	I	I	I	II	I	I	I	I	I	I	I
南菜园	I	I	I	III	II	I	I	I	III	I	III	I	I	I	I	I
北单家庄	I	I	II	V	II	I	III	I	IV	III	III	I	I	I	I	I
十里堡统军庄	I	I	I	III	I	I	I	I	III	I	I	I	I	I	I	I
1#观测井	I	I	II	III	II	I	V	I	II	III	II	III	I	I	I	I
2#观测井	I	I	II	III	II	I	V	I	II	IV	II	III	I	I	I	I
3#观测井	I	I	II	III	II	I	V	I	III	IV	III	I	I	I	I	I
4#观测井	I	I	II	IV	II	I	V	III	II	IV	II	III	I	I	I	I
大杜两河	I	I	II	III	II	I	III	I	III	III	II	II	I	I	I	I
肖两河	I	I	II	III	II	I	III	I	II	I	I	I	I	I	I	I
群英昊	I	I	II	III	II	I	I	I	III	I	II	I	I	I	I	I
杨宋庄	I	I	I	III	I	I	III	I	II	II	I	I	I	I	I	I
前辛庄	I	I	I	II	I	I	III	I	II	I	II	I	I	I	I	I
范各庄	I	I	I	III	I	I	I	I	II	II	III	I	I	I	I	I
桃山	I	I	I	II	II	I	I	I	III	I	II	I	I	I	I	I
梭草	I	I	I	II	I	I	I	I	III	I	III	I	I	I	I	I
怀北庄	I	I	I	II	II	I	I	I	II	I	II	I	I	I	I	I
前桥梓村东	I	I	I	II	I	I	I	I	II	I	II	I	I	I	I	I
王化水厂	I	I	I	II	I	I	I	I	III	I	I	I	I	I	I	I
葛各庄	I	I	I	III	I	I	I	I	II	I	I	I	I	I	I	I
驸马庄	I	I	I	III	I	I	I	I	II	I	II	I	I	I	I	I
赵全营	I	I	I	I	I	I	I	I	II	I	I	I	I	I	I	I

续表

取样点	砷	氟	氯	NO_3-N	硫酸盐	pH值	NH_3-N	挥发酚	总硬度	NO_2-N	溶解性总固体	COD_{Mn}	肉眼可见物	嗅和味	浑浊度	色度
马辛庄	I	I	I	II	I	I	III	III	III	II	III	I	I	I	I	I
姚店村	I	I	I	I	I	I	III	III	II	II	II	I	I	I	I	I
树行浅井	I	I	I	II	I	I	III	III	II	II	III	I	I	I	I	I
北小营镇东府村	I	I	I	III	I	I	IV	III	III	II	III	I	I	I	I	I
陈各庄	I	I	I	III	I	I	III	III	III	II	II	I	I	I	I	I
西小营村	I	I	I	I	I	I	III	III	III	II	III	I	I	I	I	I
第八水厂水源地	I	I	I	II	I	I	III	III	III	II	II	I	I	I	I	I
高丽营镇政府	I	I	I	II	I	I	III	II	II	II	II	I	I	I	I	I
马辛庄	I	I	I	II	I	I	III	III	III	II	III	I	I	I	I	I
刘各庄	I	I	I	I	I	I	III	III	III	II	II	I	I	I	I	I
白庙村	I	I	I	II	II	I	III	II	III	II	III	I	I	I	I	I
史家口村	I	I	I	II	II	I	III	III	III	I	II	I	I	I	I	I
木林陈家托村	I	I	I	II	I	I	III	II	III	II	III	I	I	I	I	I
李各庄深井	I	I	I	II	I	I	III	III	III	II	I	I	I	I	I	I
兴怀水厂	I	I	I	II	I	I	III	I	III	I	III	I	I	I	I	I
西田各庄	I	I	I	III	II	I	III	I	III	I	III	I	I	I	I	I
沙河	I	I	II	V	I	I	III	I	III	II	IV	I	I	I	I	I
东白岩	I	I	I	IV	I	I	III	I	III	II	III	I	I	I	I	I
葡萄园	I	I	I	II	I	I	III	I	III	II	III	I	I	I	I	I
十里堡	I	I	II	IV	I	I	III	I	III	II	III	I	I	I	I	I
平头	I	I	I	III	I	I	III	I	III	II	III	I	I	I	I	I
小岭	I	I	I	I	I	I	III	I	III	II	III	I	I	I	I	I

水影响的地下水监测水化学类型则主要是 HCO_3—Ca 与 HCO_3—$CaMg$ 型。

表 6 - 3 地下水质量综合评价成果汇总表

序号	所属区县	站 名	$\overline{F}$	F_{max}	F	地下水质量级别
1	怀柔区	庙城	0.40	1	0.76	优良
2		前辛庄	0.33	3	2.13	良好
3		兴怀水厂	0.40	3	2.14	良好
4		桃山	0.47	3	2.15	良好
5		杨宋庄	0.47	3	2.15	良好
6		王化水厂	0.53	3	2.15	良好
7		前桥梓	0.60	3	2.16	良好
8		梭草	0.60	3	2.16	良好
9		雁栖水厂	0.60	3	2.16	良好
10		大杜两河奶牛场	0.87	3	2.21	良好
11		群英昊	0.87	3	2.21	良好
12		小杜两河菜园	0.87	3	2.21	良好
13		怀北庄	0.93	3	2.22	良好
14		肖两河菜园	0.93	3	2.22	良好
15		小杜两河养殖区	1.13	3	2.27	良好
16		大杜两河果园	1.33	3	2.32	良好
17	密云县	葡萄园	0.40	3	2.14	良好
18		十里堡	1.00	6	4.30	较差
19		沙河	1.07	6	4.31	较差
20		西田各庄	0.47	3	2.15	良好
21		东白岩	0.73	3	2.18	良好
22		平头	0.80	3	2.20	良好
23		靳各寨	0.80	3	2.20	良好
24		南菜园	1.00	3	2.24	良好
25		排山公司	1.27	6	4.34	较差
26		潮白河管理所	1.80	6	4.43	较差
27		3#井	2.00	10	7.21	极差
28		北单家庄	2.07	10	7.22	极差
29		4#井	2.20	10	7.24	极差
30		2#井	2.73	10	7.33	极差
31		1#井	3.33	10	7.45	极差
32	顺义区	马辛庄	0.73	3	2.18	良好
33		树行	0.73	3	2.18	良好
34		赵全营	0.73	3	2.18	良好
35		姚店	0.80	3	2.20	良好
36		八厂水源地	0.87	3	2.21	良好
37		小段	0.87	3	2.21	良好
38		东府	0.93	3	2.22	良好
39		西田各庄	1.00	3	2.24	良好
40		陈各庄	0.73	3	2.18	良好
41		西小营	1.00	6	4.30	较差

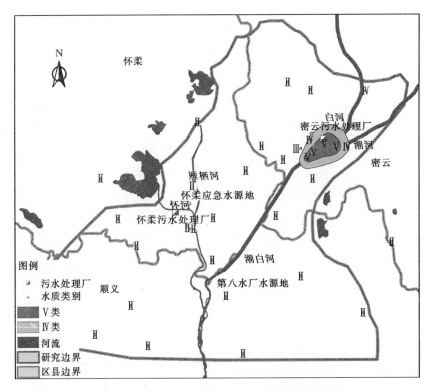

图 6-13　2010 年地下水水质综合评价分区图

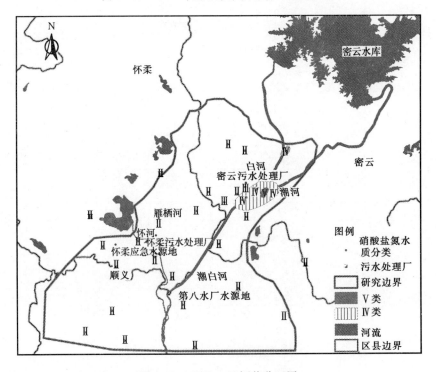

图 6-14　NO_3-N 评价分区图

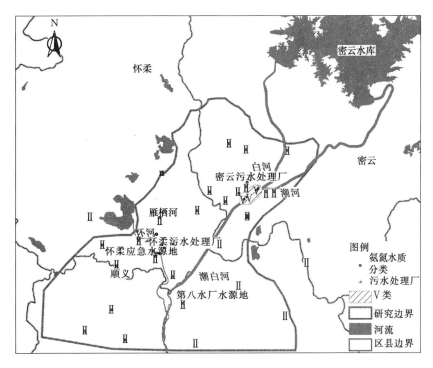

图 6-15 NH₃—N 评价分区图

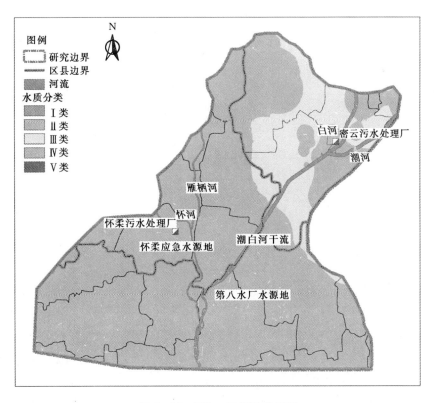

图 6-16 NO₂—N 评价分区图

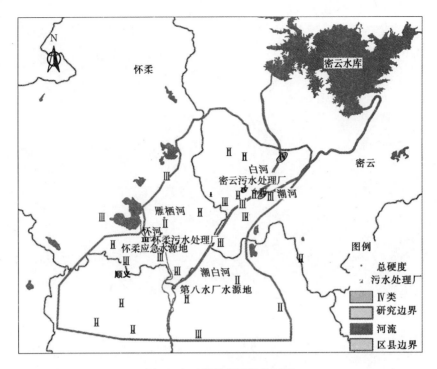

图 6-17　总硬度评价分区图

表 6-4　　　　　　　　　　　　　　水 化 学 类 型

名称	水化学类型	名称	水化学类型	名称	水化学类型
北房自来水	HCO_3—CaMg	南菜园	HCO_3—CaMg	桥梓广场	HCO_3—CaMgK
白岩村	HCO_3—Ca	驸马庄	HCO_3—CaMg	群英昊	HCO_3Cl—CaMg
河槽水厂西面	HCO_3—CaMg	十里堡	HCO_3—CaMg	前辛庄	HCO_3—CaK
杨辛庄	HCO_3—CaMg	王化水厂	HCO_3—CaMg	范各庄	HCO_3—CaMg
十里堡统军庄	HCO_3—CaMg	桃山	HCO_3—CaMg	肖两河	HCO_3Cl—CaMgK
王各庄19号	HCO_3—CaMg	梭草	HCO_3—CaMg	大杜两河河东	HCO_3Cl—CaMgK
潮白河管理所	HCO_3—CaMg	范各庄	HCO_3—CaMg	1# 观测井	HCO_3Cl—CaK
葛各庄	HCO_3—CaMg	兴怀水厂	HCO_3—Ca	2# 观测井	HCO_3Cl—CaKMg
河槽	HCO_3—CaMg	前桥梓村东	HCO_3—Ca	3# 观测井	HCO_3Cl—CaKMg
北单家庄	HCO_3—CaMg	沙河	HCO_3—CaMg	4# 观测井	HCO_3Cl—CaK
西田各庄	HCO_3—CaMg	怀北庄	HCO_3—Ca		
备用水源井	HCO_3—Ca	杨宋庄	HCO_3—CaMg		

6.4.3　Piper 三线图

受水区的水质类型可用 Piper 三线图表示，如图 6-18 所示。图中实心点为再生水厂附近的水样，空心点为离再生水厂较远的监测井。

再生水入渗影响区地下水中的阳离子主要为 Na^+ 和 K^+，阴离子主要为 HCO_3^- 和

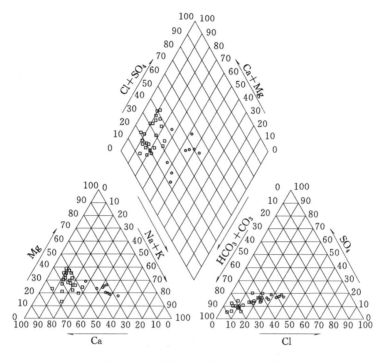

图 6-18　研究区水质 Piper 三线图

Cl⁻，为溶滤作用和外来水源入渗的地下水，地下水与大气降水、地表水具有密切的水力联系，容易受到地表污染源的影响。

　　Piper 三线图直观反映出了不同位置的水化学类型的变化趋势。自近再生水排放口至远再生水排放口，近再生水排放口水样点和远再生水排放口水样点的集中分布区域明显不同，位于再生水排放口中间位置的水样点处于过渡状态。

　　近再生水排放口地下水中的 Cl^- 和 SO_4^{2-} 的毫克当量百分比明显高于深层地下水，表明近再生水排放口地下水受到再生水影响较大，已受到一定程度的污染。

第7章 淋溶模拟柱试验

为了研究受水区再生水回灌后对地下水的长期影响，拟定采取室内柱试验的研究方法模拟再生水入渗过程，即：采集地表实际河水，使其长期地通过厚度一定、岩性各异的土柱，以此来模拟再生水通过包气带介质向下渗透的水力学和水化学过程。

7.1 实验目的和意义

以地下水水质安全保障为目标，以室内模拟试验为手段，开展再生水入渗过程盐污染对地下水的影响研究，研究再生水入渗过程中，阳离子交换作用对总硬度迁移转化的影响，探讨典型土壤介质随再生水入渗所产生的硬度升高的可能性及其程度；研究再生水入渗过程三氮转化的影响因素及变化规律，确定再生水入渗过程中各种形式氮的衰减速率。

7.2 土样采集分析

为了准确掌握研究区地层土壤岩性特征，在原有资料的基础上进一步了解研究区水文地质特点，首先就要对研究区内土壤样品进行采集工作，并对采集来的土样进行常规的理化指标分析，最终选取当地三种典型的代表性土壤包气带介质，为后续顺利展开模拟柱试验研究作准备。

7.2.1 土样采集前的准备工作

（1）准备资料。收集整理已有资料，根据已有的浅层钻探和水源井成井资料，绘制具有代表性和典型性的水文地质剖面图，并且根据该图及其相关资料确定取样点位置。

（2）取样点确定依据。取样点的选择应在典型介质沉积较厚且分布较广的区域。

（3）取样量确定。为保证代表性介质的理化参数可靠，土壤样品理化指标分析确定为80组。同时，每个土样按要求需做10项理化性质检测，因此，根据《土壤理化指标的测定方法》中每项指标所需土样量的规定，确定每个土样取500～600g。

（4）其他准备。取样袋或封口袋（装土样），土壤样品标签，水文地质剖面图，取原状样所需的铁皮，记录所需的物品等。

7.2.2 土样采集与测试方法

1. 土壤样品采集

2008年9～10月间分4批对上述孔位进行土壤样品采集。采样所用钻机型号为三菱SH-30型冲击钻，每个孔位钻进深度约30m，各孔分别取约20个土壤原状样品。取样现场工作照片如图7-1所示。

(a)SH-30型钻机　　　　　　　　　　　　　　(b)样品前处理

图 7-1　取样现场工作照片

2. 检测项目及方法

检测项目及方法见表 7-1，土壤样品理化指标检测方法详见《土壤理化指标的测定方法》。

表 7-1　　　　　　　　　　　　　　检测项目及方法

测 试 项 目	检 测 方 法
土壤含水量	质量法
pH 值	电位法
阳离子交换容量	氯化铵-乙酸铵交换法和乙酸铵交换法
总有机碳含量	重铬酸钾氧化外加热法
水溶性盐分	电导法
氧化还原电位	电位法
颗粒组成	比重计法
黏土矿物组成	X-ray 衍射法

7.2.3　理化性质及相关性分析

包气带各土层对污染物都有吸附及生物等作用，这些作用与土壤中的 CEC、TOC、黏土矿物总量及黏粒含量都有直接的联系，故对这 4 个理化参数进行分析是研究污染物迁移转化规律的前提。

1. 理化参数相关性研究现状

土壤理化参数的相互关系一直是国内外学者们致力研究的对象。对土壤理化参数相关性进行深入的研究，不仅有利于对土壤介质特性的把握，而且在实践中能更加准确、清晰地指导相关工作的展开。但是，目前的研究多以单参数的分析为主，多参数相关性综合分析及参数与地下含水层污染物迁移转化之间的联系研究甚少，多参数相关关系的研究及其对地下水的影响已成为国内外研究的趋势。

黏土矿物是含水硅酸盐化合物，黏土矿物具有比表面积大、孔隙多以及极性强等特征，特殊的晶体结构赋予黏土矿物许多特性，如较强的吸附性、可塑性和离子交换性等。

工程岩石学中规定黏粒含量为颗分时粒径小于 0.005mm 的土颗粒的百分含量。一般而言，黏土含量高的介质对应的黏粒含量也多。有机碳是土壤有机质中的主要成分，是反硝化作用中不可或缺的碳源，其含量的大小对硝态氮的去除有重要作用，一般认为 C/N>2.06 时，反硝化强烈。不同黏土矿物对有机碳的保护作用不同；不同质地土壤因持水性能和所含黏粒比例不同也会影响土壤有机碳的分布。土壤中的颗粒越细，与之相结合的土壤有机碳就越多，因为黏粒具有很大的比表面积和电荷密度等特性，能够较强地吸附土壤中的有机质，并能与腐殖质形成黏粒—腐殖质复合体，防止有机物遭受分解；黏粒含量多的土壤孔隙细小，而且往往被水占据，通气不畅，好气性微生物活动受到抑制，有机质分解缓慢，因而容易积累；黏粒还能吸附对土壤有机质有分解力的酶，对土壤有机质有物理保护作用。所以，土壤的黏粒含量越多，土壤中的有机碳含量相对越多，致使土壤对硝态氮的生物作用越强，对硝态氮的去除率越大。

CEC 是指土壤胶体所吸附的各种阳离子的总量，是土壤的基本特性和重要肥力影响因素之一，它直接反映土壤保蓄、供应和缓冲阳离子养分（K^+、NH_4^+ 等）的能力，同时影响多种其他土壤理化性质。因此，CEC 常被作为土壤资源质量的评价指标和土壤施肥、改良等的重要依据。土壤矿物质颗粒对 CEC 的贡献主要来自黏粒部分，黏粒越多，相应的 CEC 越高。这主要是因为沉积物吸附能力与沉积物颗粒大小有直接关系。本次研究区域中粉质黏土的 CEC 值均大于细砂和砾石正是这一特性的反映。同时，该地区地下水硬度不断升高的现象也与 CEC 有着极为密切的关系。

由以上分析可知，黏土矿物含量大、黏粒含量多的土壤介质有 3 个特点：①CEC 值较大，使得该介质对 NH_3—N 的吸附作用较强；②受保护的有机碳较多，使得该介质对氮的生物作用较强；③由于介质颗粒小，有效孔隙度小，污染物在该介质中运移速度较慢，能与介质得到充分的接触，使得介质"活性过滤器"的作用能更充分地发挥。

2. 典型土壤介质的确定

本研究中土壤 CEC、TOC、黏土矿物总量及黏粒含量 4 项指标之间的相关性分析数据，主要来源于比较有代表性的 8#，14#，23#，33# 等 4 个钻孔。钻孔柱状样如图 7-2 所示，每个钻孔均在不同深度处取约 20 个土样。

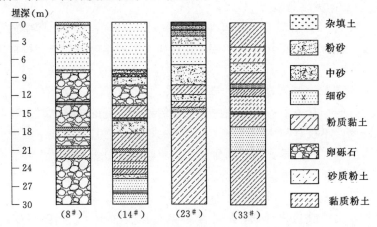

图 7-2　研究区域代表钻孔柱状图

由以上 4 个典型钻孔柱状图可以明显看出，位于受水区北边的 8 号深 30m 的钻孔中，在 8m 以下除了有少许的细砂和粉质黏土夹层外，主要以砾石含砂为主；位于受水区中部的 14 号 8m 以上主要为细砂，8m 以下主要为砾石含砂和粉质黏土的相互交替的土层；位于受水区南部的 23 号钻孔 9m 以下除了有较薄的粉砂和细砂外大部分为粉质黏土；位于受水区南端的 33 号钻孔与 23 号孔类似，主要以粉质黏土和细砂为主。由于以上 4 个钻孔在受水区具有代表性，故该受水区主要介质确定为砾石含砂、细砂和粉质黏土，具体参数见表 7-2。

表 7-2　　　　　　　　　　　　三种典型土壤介质的常规理化性质参数

介质类别	CEC（cmol/kg）	有机碳含量（%）	黏土矿物组成（%）	黏粒含量（%）	容重（g/cm³）	有效孔隙率（%）	渗透系数（m/d）
砾石含砂	0.03	0.18	10.39	10.94	2.02	0.12	1.13
细砂	0.03	0.18	14.43	8.21	1.67	0.14	1.42
粉质黏土	0.10	0.63	33.65	32.46	2.13	0.12	1.05

3. 理化参数的相关分析

（1）相关性分析过程。4 项指标测试方法见表 7-3。

表 7-3　　　　　　　　　　　　　4 项 指 标 测 试 方 法

测 定 项 目	测 试 方 法	仪 器 说 明
CEC	氯化铵-乙酸铵交换法	TD5A-WS 台式低速离心机
颗粒组成（黏粒含量）	比重计法、筛分法	甲种密度计
TOC	电导法	总有机碳分析仪
土壤黏土矿物总量	X-ray 衍射法	X-ray 衍射定量分析仪

图 7-3 及表 7-4 为 8# 钻孔 4 项指标实验数据及两两关系曲线图。14#、23#、33# 钻孔 4 项指标实验数据如表 7-5～表 7-7 所示。

钻孔 14#、23#、33# 的 4 项指标关系与 8# 相似，故不再详细叙述。为了进一步证实 4 项指标之间的相互关系，得出更加具有统计意义的相关性方程，将 4 个钻孔（共计 80 组）的土样理化参数数据进行了综合分析。分析过程中，去除了某些离散较大的测量点，数据综合有效利用率达 93%，由这些散点数据最后绘制成了两两指标的分布特征曲线，如图 7-4 所示。

表 7-4　　　　　　　　　　　　　8# 钻孔理化指标数据表

样品编号	取样深度（m）	介 质	CEC（cmol/kg）	TOC（%）	黏土矿物总量（%）	黏粒含量（×10⁻²）
1	1.6	亚砂土质砂	0.028	0.072	14.7	6.1
2	3.1	粉土质砂	0.041	0.108	15.2	5.9
3	4.6	粉土	0.026	0.091	12.7	1.1
4	5.3	含细粒土砂	0.024	0.174	8.1	5.1

续表

样品编号	取样深度 (m)	介　质	CEC（cmol/kg）	TOC（%）	黏土矿物 总量（%）	黏粒含量 （×10⁻²）
5	6.6	亚砂土质砂	0.026	0.221	6.8	6.8
6	8.1	亚砂土质砂	0.029	0.137	9.7	7.4
7	8.6	粉质轻亚黏土	0.020	0.202	8.8	10.7
8	9.4	粉质中亚黏土	0.024	0.155	8.3	15.5
9	11.1	粉质亚砂土	0.022	0.111	6.9	6.3
10	12.6	粉质亚砂土	0.028	0.073	9.0	7.6
11	13.4	粉质亚砂土	0.027	0.127	6.6	8.5
12	14.1	含细粒土砾	0.024	0.154	7.2	3.9
13	16.6	粉质重亚黏土	0.026	0.258	9.6	20.5
14	17.4	粉质轻黏土	0.129	0.927	37.4	43.35
15	18.1	亚砂土质砂	0.055	0.171	15.8	12.8
16	19.1	粉土质砾	0.026	0.129	8.8	6.1
17	20.1	含砂轻亚黏土	0.044	0.165	11.5	14.75
18	20.6	含细粒土砂	0.018	0.090	11.4	3.5
19	21.1	粉质重亚黏土	0.103	0.623	30.0	23.75
20	23.1	亚砂土质砂	0.030	0.148	9.1	6.3
21	25.1	粉土质砾	0.038	0.170	13.1	2.2
22	28.1	亚黏土质砂	0.035	0.169	13.4	14.1

表 7 - 5　　　　　　　　　　14# 钻孔理化指标数据表

样品编号	取样深度 (m)	介　质	CEC（cmol/kg）	TOC（%）	黏土矿物 总量（%）	黏粒含量 （×10⁻²）
1	1.1	含细粒土砂	0.037	0.095	7.8	0.5
2	3.1	含细粒土砂	0.028	0.070	11.0	3.6
3	5.1	含细粒土砂	0.024	0.071	9.2	9.2
4	7.1	亚黏土质砂	0.024	0.077	9.0	10
5	8.1	含细粒土砂	0.026	0.158	8.7	6.3
6	10.1	级配不良砾	0.020	0.106	8.7	0.6
7	14.1	粉质重亚黏土	0.052	0.608	27.5	27.6
8	15.1	粉质重亚黏土	0.079	0.750	32.5	23.7
9	16.6	粉质亚砂土	0.077	0.311	12.9	9.5
10	18.6	粉质重亚黏土	0.146	0.549	29.4	22.1
11	19.1	粉质轻黏土	0.203	0.752	38.9	31.8
12	20.6	粉质重亚黏土	0.118	0.481	24.5	21.7
13	21.1	粉质轻黏土	0.057	0.390	18.5	12.6
14	21.6	粉质轻黏土	0.090	0.900	38.1	31.8
15	22.6	粉质轻黏土	0.090	0.733	33.0	35.1
16	24.1	粉质轻黏土	0.135	0.491	27.4	43.2
17	24.6	粉质轻黏土	0.144	0.645	38.7	44.7
18	24.9	粉质轻黏土	0.188	0.687	51.4	55.55
19	25.6	粉质轻黏土	0.065	0.293	17.3	34.65
20	25.9	粉土质砂	0.030	0.126	13.3	5.7
21	27.6	含砂轻亚黏土	0.030	0.123	10.6	12.85

表 7-6   23# 钻孔理化指标数据表

样品编号	取样深度 (m)	介 质	CEC (cmol/kg)	TOC (%)	黏土矿物总量 (%)	黏粒含量 ($\times 10^{-2}$)
1	1.1	砂质粉土	0.044	0.085	11.8	4.9
2	2.2	粉土质砂	0.028	0.079	10.0	4.55
3	3.6	亚砂土质砂	0.037	0.111	7.0	6.6
4	4.1	含细粒砂	0.028	0.101	18.3	1.4
5	5.6	含细粒砂	0.024	0.090	20.4	3.7
6	7.6	含细粒砂	0.022	0.131	18.8	2.5
7	11.2	粉质中亚黏土	0.154	0.849	30.8	17.5
8	12.6	含细粒砂	0.020	0.168	22.6	4.9
9	13.6	粉质中亚黏土	0.037	0.404	19.8	16.4
10	14.6	粉质中亚黏土	0.031	0.219	16.8	9.8
11	15.1	粉质中亚黏土	0.050	0.591	22.4	28.3
12	16.6	粉质重亚黏土	0.105	0.976	45.8	62.5
13	18.1	重黏土	0.118	0.714	47.2	46.3
14	19.6	粉质轻黏土	0.118	0.699	45.6	47.6
15	21.1	粉质轻黏土	0.074	0.824	49.3	42.7
16	22.6	粉质轻黏土	0.087	0.968	50.5	58.2
17	23.6	粉质轻黏土	0.068	0.789	37.8	34.2
18	24.6	粉质轻黏土	0.105	0.739	41.4	40.9
19	24.9	粉质轻黏土	0.114	0.648	38.7	47.9
20	27.3	粉质轻黏土	0.098	0.570	37.6	31.6
21	28.4	粉质轻黏土	0.100	0.855	37.5	35

表 7-7   33# 理化指标数据表

样品编号	取样深度 (m)	介 质	CEC (cmol/kg)	TOC (%)	黏土矿物总量 (%)	黏粒含量 ($\times 10^{-2}$)
1	2.6	粉质轻黏土	0.120	0.605	27.8	34.8
2	4.1	粉质中亚黏土	0.066	0.399	21.0	17.7
3	5.6	粉质轻亚黏土	0.052	0.350	15.9	13.9
4	7.1	粉质轻亚黏土	0.037	0.215	15.1	11.6
5	8.6	粉质重亚黏土	0.078	0.640	30.2	24.1
6	10.1	粉质重亚黏土	0.074	0.510	27.7	23.8
7	11.1	粉质重亚黏土	0.072	0.540	27.2	23.5
8	12.6	粉质中亚黏土	0.081	0.305	26.3	19.2
9	13.6	粉质重亚黏土	0.072	0.438	25.2	20.5
10	14.6	粉质重亚黏土	0.076	0.494	28.6	22.8
11	15.6	粉质重亚黏土	0.116	0.725	36.5	26.1
12	16.6	粉质重亚黏土	0.127	0.665	38.3	27.8
13	17.1	粉质重亚黏土	0.077	0.377	28.3	20.7
14	17.6	亚砂土质砂	0.023	0.128	17.1	6.1

续表

样品编号	取样深度 （m）	介　　质	CEC（cmol/kg）	TOC（%）	黏土矿物 总量（%）	黏粒含量 （×10⁻²）
15	19.1	亚砂土质砂	0.033	0.140	27.8	8.2
16	20.1	亚砂土质砂	0.028	0.221	27.2	8.5
17	21.6	粉质轻亚黏土	0.033	0.383	13.4	10.8
18	24.6	粉质重亚黏土	0.048	0.638	25.7	26.9
19	26.1	粉质重亚黏土	0.065	0.538	28.8	26.9
20	28.1	粉质轻黏土	0.090	0.890	46.1	57.5
21	30.6	粉质轻黏土	0.079	0.528	38.2	46.8

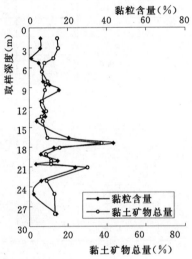

（a）精细剖面（8#）黏土矿物总量、黏粒含量分析

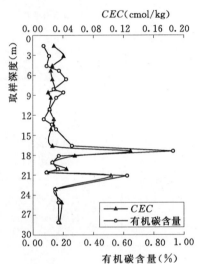

（b）精细剖面（8#）有机碳含量、CEC分析

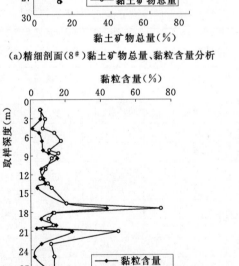

（c）精细剖面（8#）有机碳含量、黏粒含量分析

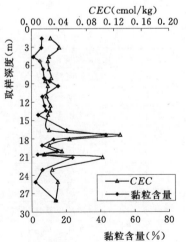

（d）精细剖面（8#）黏粒含量、CEC分析

图 7-3　8# 钻孔 CEC、TOC、黏土矿物组成及黏粒组成两两关系曲线图

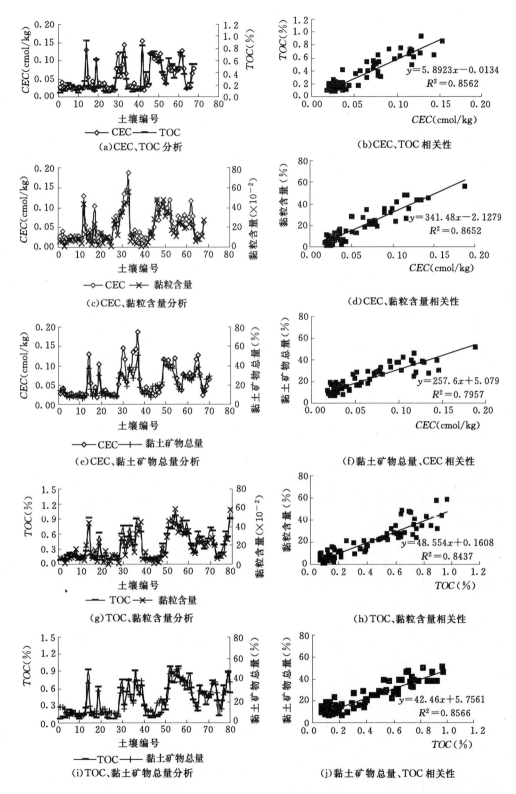

图7-4 CEC、TOC、黏土矿物组成及黏粒组成两两关系曲线图

（2）结果分析。根据以上分析，利用回归分析法推求两两指标间的关系，结果见表7-8。

表7-8 　　　　CEC、TOC、黏土矿物总量及黏粒含量之间相关性分析结果表

相关性理化参数	相关方程式	相关系数	t	$t_{0.01}$	相关性
TOC（y），CEC（x）	$y=5.8923x-0.0134$	0.8562	19.687	2.575	显著
黏粒含量，CEC	$y=341.48x-2.1279$	0.8652	20.602	2.575	显著
黏土矿物总量，CEC	$y=257.6x+5.079$	0.7957	16.276	2.575	显著
黏粒含量，TOC	$y=48.554x+0.1608$	0.8437	20.389	2.575	显著
黏土矿物总量，TOC	$y=42.46x+5.7561$	0.8566	21.481	2.575	显著
黏粒含量，黏土矿物总量	$y=1.1054x-5.7295$	0.8617	21.619	2.575	显著

由表7-8可知，CEC、TOC、黏土矿物总量及黏粒组成之间的相关性较好，线性关系也较明显，平均相关系数达到0.80以上。在给定显著性水平 $\alpha=0.01$ 水平下进行了 t 分布显著性检验，结果是显著的。由于黏土矿物总量在实际测定中成本较高，在此利用SPSS软件得出一个以黏土矿物总量为因变量，其余3项为自变量的多元相关性方程

$$Y_{黏土矿物总量}=0.447TOC+0.337黏粒含量+0.151CEC$$

根据以上相关性分析及研究区包气带及含水层介质的特点可以初步判断受水区北段由于介质多以颗粒较大的砾石含砂为主，即具有黏土矿物含量小、黏粒含量小、CEC值及有机碳含量均较小等特点，当三氮及盐分超标的再生水补给此段时，该介质对污染物的净化能力较差，有可能使地下水遭受污染。相反，南段包气带及含水层中以黏土矿物含量大、黏粒含量多的粉质黏土为主，污染物质在入渗的过程中能得到较好的净化。

7.2.4　试验结论

通过对受水区钻探取样，分析得出受水区典型土壤介质为砾石含砂、细砂和粉质黏土。粉质黏土的透水性较差，可视为研究区内典型的隔水层，细砂和砾石含砂渗透性较好，是研究区内典型的含水层。并且，粉质黏土的CEC、TOC、黏土矿物组成及黏粒组成的检测值要高于细砂和砾石含砂的检测值，这与粉质黏土的理化性质有着密切的关系。

另外，由研究区4个典型钻孔80个土样中的CEC、TOC、黏土矿物总量及黏粒含量4项指标的分布特征进行统计分析，证明了它们之间有着显著的相关性，相关系数均大于0.8。运用SPSS软件得出了以黏土矿物总量为变量的多元相关性方程。

最后，指标间的相关性分析得出的回归方程可用于估算CEC、TOC、黏土矿物总量及黏粒含量，不仅可以验证实验数据的正确性，同时该方法也能减少实验及计算的工作量，提高工作效率。

7.3　淋溶模拟柱试验概况

7.3.1　试验装置与材料

1. 本底试验装置

本底试验装置由一个圆柱状有机玻璃管、带有橡胶管的供水水箱和盛放废液的水桶组

成。具体参数如下：柱子高 50cm，内径 6cm，壁厚 0.5cm；取样管内径 0.8cm、外径 1cm；取样管伸入柱子中心 3cm；取样管伸出柱子 3cm；承托层厚 8cm，下设一中心取样孔；柱子侧壁设有三个取样孔，目的是监测填好介质后柱内该高度的水头变化，也可作为取样孔，尝试性的取水样，为后续大柱子取样孔的设计提供借鉴。试验装置如图 7-5 所示。

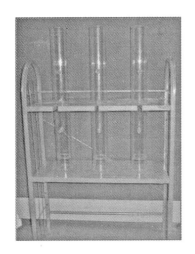
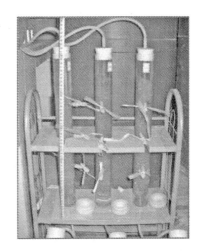

图 7-5 室内本底柱实验装置照片

供水水箱为一长方体水箱，长 30cm、宽 20cm、高 35cm，水箱侧壁装有一个 4 分的浮球阀，用以控制水箱内的水位高度，水箱正面设有三个内径 0.8cm，外径 1cm 的出水孔，孔径大小与试验柱进水孔尺寸匹配，详见图 7-6。

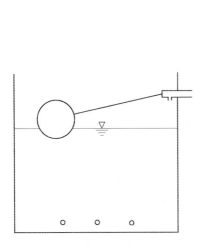
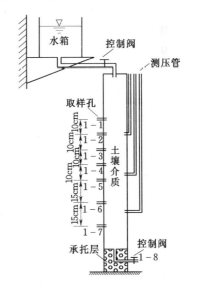

图 7-6 试验所用供水水箱装置图　　图 7-7 室内实际河水淋溶单一介质柱试验装置图

2. 实际河水淋滤单一介质柱试验装置

实际河水淋滤单一介质试验柱装置由 3 个内径 15cm、高 120cm 的圆柱状有机玻璃柱、带有橡胶管的供水水箱和盛放废液的水桶组成。柱子侧壁自上而下第一个取样孔距离柱子上沿 20cm，以下 8 个取样孔分别距离第一个取样孔 10cm、20cm、30cm、40cm、50cm、65cm、80cm 及 95cm，取样孔外径为 1.5cm，并设计为伸入柱子 3cm 取样，柱体下部为 15cm 的承托层，详见图 7-7。

7.3.2　模拟试验的运行

1. 填柱前处理方法

将采集的土样风干、压碎、筛分备用。将土样分别装柱，分别记为柱 1（砾石含砂）、柱 2（细砂）、柱 3（粉质黏土）。按实测容重装柱，并使土柱均匀。考虑到粉质黏土的渗透性小，在粉质黏土中加入一定比例的石英砂，加入石英砂的最优比例是经过反复试验而最终确定的，为了保证柱 3（粉质黏土）模拟试验的正常运行，分别以 1:1、1:1.5、1:2 及 1:2.5 等粉质黏土与石英砂不同体积比进行正式填柱前的准备试验工作，最终加入石英砂体积数的原则是：在保障试验正常运行，且确保正常取样的前提下，尽可能加入最少体积的石英砂。从准备试验效果来看，体积比为 1:2 比较符合上述原则，因此，最终确定粉质黏土体积与石英砂体积比为 1:2。

2. 淋溶模拟试验柱运行参数

根据实测土柱有效孔隙率，假设地下水入渗速度小于 1m/d 的情况下，概算一天每根实际河水淋溶单一介质柱出水体积应小于 2.473L/d。详细运行参数见表 7-9。

表 7-9　　　　　　　　　　　　淋溶模拟试验柱运行参数

模拟试验柱运行参数 各试验柱名称	实际填入试验柱中 介质质量（kg）	介质容重（g/cm³）	有效孔隙率（%）
本底试验柱 1（砾石含砂）	1.337	1.25	0.1
本底试验柱 2（细砂）	1.185	1.1	0.16
本底试验柱 3（粉质黏土）	0.237	1.44	0.08
实际河水柱 1（砾石含砂）	34.00	2.02	0.12
实际河水柱 2（细砂）	28.00	1.67	0.14
实际河水柱 3（粉质黏土）	7.33	2.13	0.12

注　加入本底试验柱 3 中的石英砂容重为 1.34g/cm³；加入实际河水柱 3 的石英砂容重为 2.19g/cm³（比重：2.65）。实际河水柱 1、2、3 的渗透系数分别为 1.13m/d、1.42m/d、1.05m/d。

3. 柱子运行时间及取样频次

（1）本底值淋溶柱试验从 2008 年 5 月 9 日一直运行到 9 月 2 日，前 7 天每天进行采样，之后采样间隔逐渐加大，三个柱子分别取出水样进行测试分析。

（2）实际河水淋溶单一介质柱试验从 2008 年 7 月 8 日一直运行到 10 月 9 日，前期每隔 3 天取样，从 9 月 18 日开始，每隔 7 天取样一次，一次取样每根柱子 8 个样，三根柱子共 24 个水样，加上供水水箱一个样，每次采样分析 25 个水样。

另外，本次研究还对单一介质淋溶模拟柱 2（细砂柱）进行了长时间的监测，试验期从 2009 年 1 月 10 日一直运行到 3 月 30 日，共取水样 8 组，每组 8 个水样分别进行测试分析。

4. 测试指标及方法

本试验中各项测试指标的测试仪器与方法遵照《水和废水监测分析方法（第四版）》

执行。

7.4 淋溶模拟柱试验结果分析

7.4.1 本底淋溶试验氮污染数据结果讨论

氮的存在形式包括有机氮和无机氮，本研究只讨论无机氮，无机氮的反应主要包括硝化反应和反硝化反应。

（1）硝化反应。在硝化菌的作用下，氨态氮进一步分解氧化，先后分两个阶段进行，首先在亚硝化细菌的作用下，使氨转化为亚硝酸盐，即

$$2NH_4^+ + 2O_2 = 2NO^{2-} + 4H^+ + 2H_2O$$

然后，亚硝酸氮在硝化菌的作用下，进一步转化为硝酸氮，即

$$2NO^{2-} + O_2 = 2NO^{3-}$$

亚硝化菌和硝化菌是化能自养菌，革兰氏染色阴性，不生芽孢的短杆状细菌，广泛存在于土壤中，在自然界的氮循环中起着重要的作用。这类细菌从 CO_2 中获取碳源，从无机物的氧化中获取能量。但硝化菌对环境的变化很敏感，为了使硝化反应进行正常，必须提供硝化菌所需要的环境条件。

（2）反硝化反应。反硝化反应是指硝酸盐氮和亚硝酸盐氮在反硝化菌的作用下，被还原为气态氮的过程。在反硝化过程中，硝酸盐氮通过反硝化菌的代

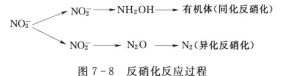

图 7-8　反硝化反应过程

谢活动，可能有两种转化途径，即一种为同化反硝化，最终形成有机氮化合物，成为菌体的组成部分；另一种为异化反硝化，最终产物是气态氮，如图 7-8 所示。

本底柱实验 TN 出水浓度随时间的变化情况如图 7-9 所示。由图 7-9 可知，三种介质中都含有一定量的 TN，经过淋滤实验后，TN 很快被溶出，柱 1 和柱 3 出水浓度基本在实验进行到 10 天后达到稳定，稳定后浓度在 0～0.8mg/L。柱 2 有些滞后，大约在 20 天后浓度稳定在 0～0.7mg/L。

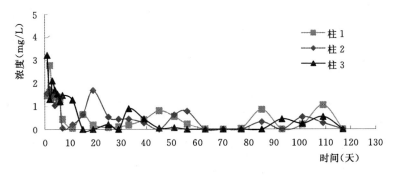

图 7-9　三氮 TN 浓度变化历时曲线

三柱中，柱1和柱2中 NO$_3$—N、NH$_3$—N 偶尔有检出，且检出浓度较低，均小于 0.04mg/L。柱3实验初期前11天 NH$_3$—N 检出较多，浓度在 0.4～3mg/L，之后几乎无检出；NO$_3$—N 有零星检出，范围在 0～0.09mg/L。柱3三氮出水浓度随时间变化的具体情况如图 7-10 所示。本底实验 pH 值范围在 7～8.5 之间，即弱碱性环境，如图 7-11 所示。

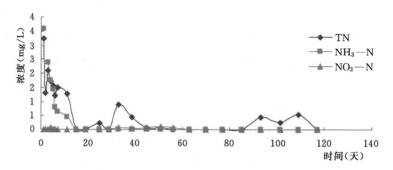

图 7-10　柱3三氮出水浓度变化历时曲线

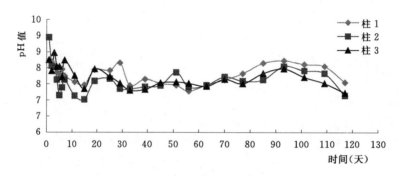

图 7-11　三柱 pH 值浓度变化历时曲线

实验过程中，将出水的水样及流出的废液定期进行水质指标三氮测试，目的是算出土壤介质中所含有的三氮本底值，分别采用两种计算方法。分析方法1：阶段总出水体积×阶段实测浓度，详细结果见表 7-10 和表 7-11；分析方法2：阶段总出水体积×阶段平均浓度，详细结果见表 7-12 和表 7-13。考虑到 TN、NO$_3$—N，NH$_3$—N 放置一段时间后会变质，故比较上述两种计算方法，最终得出利用方法2计算三柱淋溶实验本底值较合理。

表 7-10　　　　　　　　　　柱1、柱2、柱3本底流量及三氮浓度

参数（m）	柱1			柱2			柱3		
时间（天）	1～7	7～63	63～113	1～7	7～63	63～113	1～7	7～63	63～113
出水总体积（L）	4.8	16.4	15.6	8.4	13.1	15.7	7.3	5.2	8.7
TN（mg/L）	1.92	0.33	0.45	1.68	0.52	0.65	1.65	0.49	0.3
NO$_3$—N（mg/L）	0	0	0	0	0	0	0	0	0
NH$_3$—N	0	0	0	0	0	0	0	0	0

表 7-11　　　　　　　　　柱 1、柱 2、柱 3 本底三氮衰减量

试验柱	出水总体积（L）	填土质量（kg）	TN 总量（mg）	TN 单位质量溶出量（mg/100g）	NO₃—N 总量（mg）	NO₃—N 单位质量溶出量（mg/100g）	NH₃—N 总量（mg）	NH₃—N 单位质量溶出量（mg/100g）
柱 1	36.8	1.337	22.4	1.678	0	0	0	0
柱 2	37.2	1.185	26.1	2.202	0	0	0	0
柱 3	21.2	0.237	17.2	7.259	0	0	0	0

表 7-12　　　　　　　　　柱 1、柱 2、柱 3 本底流量及三氮浓度

参数	柱 1			柱 2			柱 3		
时间（天）	1～7	7～63	63～113	1～7	7～63	63～113	1～7	7～63	63～113
出水总体积（L）	4.8	16.4	15.6	8.4	13.1	15.7	7.3	5.2	8.7
TN（mg/L）	1.44	0.3	0.36	1.25	0.47	0.19	1.8	0.25	0.21
NO₃—N（mg/L）	0	0.005	0.003	0.006	0.002	0	0.008	0.029	0
NH₃—N	0.36	0	0	0	0	0	1.51	0.04	0

表 7-13　　　　　　　　　柱 1、柱 2、柱 3 本底三氮衰减量

试验柱	出水总体积（L）	填土质量（kg）	TN 总量（mg）	TN 单位质量溶出量（mg/100g）	NO₃—N 总量（mg）	NO₃—N 单位质量溶出量（mg/100g）	NH₃—N 总量（mg）	NH₃—N 单位质量溶出量（mg/100g）
柱 1	36.8	1.337	17.45	1.305	0.133	0.01	1.73	0.129
柱 2	37.2	1.185	19.64	1.657	0.075	0.006	0	0
柱 3	21.2	0.237	16.28	6.869	0.213	0.089	11.2	4.738

7.4.2 淋溶单一介质柱氮污染数据结果分析

1. TN 变化规律分析

（1）研究各土柱同一时间不同深度 TN 浓度变化情况（时间：2008 年 7～10 月）。由图 7-12 可知，三柱 TN 第 1 天进出水浓度均很高，之后进水浓度保持在 4.5～9.5mg/L 之间。三柱中 TN 浓度随深度增大而逐渐减小，但降解速度不同。由图 7-12 可知，柱 1 高浓度的 TN 运移的深度较大，约在 0.8m 处才出现浓度相对稳定的拐点，柱 2 拐点约在 0.5m，柱 3 拐点约在 0.4m。这与三柱介质理化性质和土壤质地有着密切的关系：由 4.4.1 节中理化参数相关性分析可知砾石含砂颗粒较粗，有机碳含量、黏粒含量较少、CEC 值较小等原因致使砾石含砂对 TN 的去除能力相对较差。柱 3 颗粒较细，有机碳含量、黏粒含量较多、CEC 值较大，故对 TN 的去除能力较强。柱 2 介于柱 1 和柱 3 之间。

（2）研究各土柱不同时间同一深度 TN 浓度变化情况。为了更进一步了解同一深度处

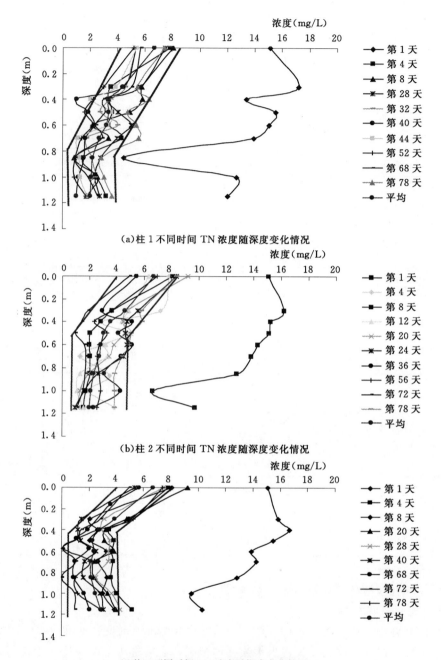

(a)柱1不同时间 TN 浓度随深度变化情况

(b)柱2不同时间 TN 浓度随深度变化情况

(c)柱3不同时间 TN 浓度随深度变化情况

图7-12 三柱不同时间 TN 浓度随深度变化情况

的 TN 变化规律，对典型深度浓度变化的历时曲线进行进一步分析。

由图7-13三柱不同时间典型深度 TN 浓度变化情况可知，三柱 TN 通过降解，出水浓度均小于进水浓度，且随深度的增加浓度逐渐减少，说明三种介质对 TN 降解作用均较明显。实验后期（9月24日以后），TN 去除能力明显减弱，初步认为与温度降低有关系。

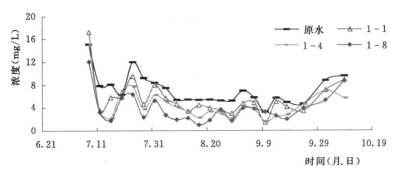

(a)柱1不同时间同一深度处TN浓度变化曲线

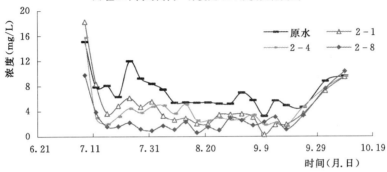

(b)柱2不同时间同一深度处TN浓度变化曲线

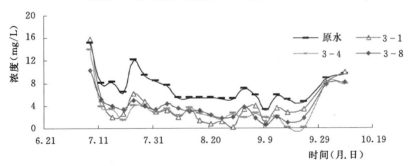

(c)柱3不同时间典型深度处TN浓度变化曲线

图7-13 三柱不同时间典型深度TN浓度变化情况

表7-14 三柱TN不同深度浓度均值表

深度（以柱顶土面为0刻度）	柱1（mg/L）	柱2（mg/L）	柱3（mg/L）
0	6.72	6.72	6.72
0.1	4.38	4.63	3.94
0.2	3.39	3.54	2.8
0.3	3.38	3.04	2.27
0.4	3.21	2.85	2.36
0.5	2.68	2.72	2.18
0.65	2.19	2.31	2.16
0.8	2.08	2.1	2.47
0.95	2.04	2	2.9

由表 7-14 可以看到三柱 TN 不同深度浓度均值，将 TN 不同深度实测浓度分别取平均值 C_i，进水浓度为 C_0，以 $\ln C_i/C_0$ 为纵坐标，深度 L 为横坐标绘制曲线，根据一级反应动力学原理，拟合获取 TN 的衰减速率常数。由于第 1 天进水浓度较大，故函数拟合时扣除第 1 天值，其结果如图 7-14 所示。

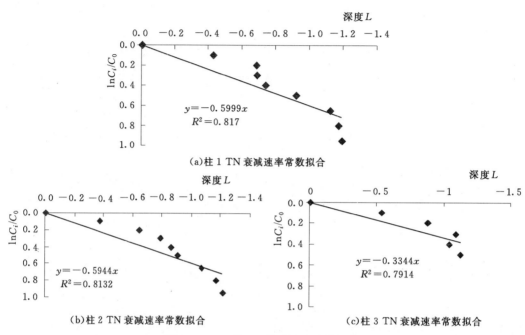

图 7-14　三柱 TN 衰减速率常数拟合

由拟合曲线图 7-14 可知，柱 1、柱 2 拟合得较好。柱 3 由于初始浓度降得较快，随着深度的增加浓度开始有些小波动，拟合曲线形式不太符合一级动力学原理，但考虑到所取平均浓度是一个浓度范围，所以也认为基本符合一级动力学原理。

TN 衰减速率常数 K（图 7-15）分别为：$K_{砾}=1.667\mathrm{m}^{-1}$；$K_{细}=1.682\mathrm{m}^{-1}$；$K_{粉}=2.990\mathrm{m}^{-1}$。

2. NO_3—N 变化规律分析

NO_3—N 在介质中衰减的主要途径是反硝化作用。本次室内实验采用的实际河水中 NO_3—N 是 TN 的主要成分，衰减的浓度变化规律与 TN 有一定的相似性，但也有差异性，也从以下两个角度进行分析。

（1）研究各土柱同一时间不同深度 NO_3—N 浓度变化情况（时间：2008 年 7～10 月）。三柱 NO_3—N 第 1 天进出水浓度均很高，之后进水浓度保持在 3.5～6mg/L 之间。三柱出水基本是随深度增大浓度减小，但是下降速度不同。三柱拐点分别出现在约 0.8m、0.4m、0.4m 深处。

（2）研究各土柱不同时间同一深度 NO_3—N 浓度变化情况。为了更进一步了解同一深度处的 NO_3—N 变化规律，对典型深度浓度变化的历时曲线进行进一步分析，如图 7-16 所示。

三柱 NO_3—N 通过降解，出水浓度均小于进水浓度，说明生物作用在实验选用的三种

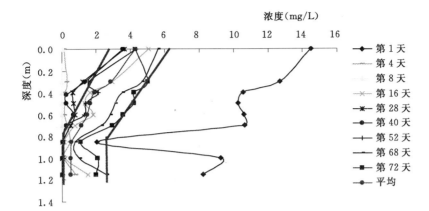

(a)柱1不同时间 NO$_3$—N浓度随深度变化情况

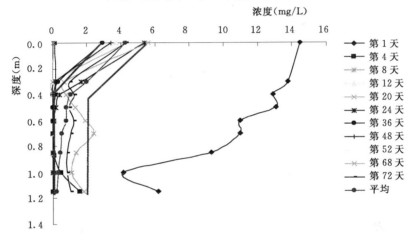

(b)柱2不同时间 NO$_3$—N浓度随深度变化曲线

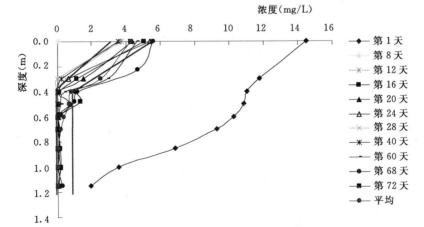

(c)柱3不同时间 NO$_3$—N浓度随深度变化情况

图 7-15 三柱 TN 衰减速率常数拟合

介质中均有发生，且比较显著。实验后期（9 月 24 日以后），NO₃—N 去除能力明显减小，这与 TN 变化规律具有相似性。在柱 2 中这种温度原因引起的生物作用减弱的现象最明显。

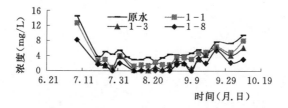

(a)柱 1 不同时间同一深度处的 NO_3—N 浓度变化曲线

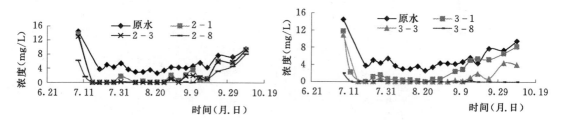

(b)柱 2 不同时间同一深度处的 NO_3—N 浓度变化曲线　　(c)柱 3 不同时间典型深度处的 NO_3—N 浓度变化曲线

图 7-16　三柱不同时间典型深度 NO_3—N 浓度变化情况

将 NO_3—N 不同深度实测浓度分别取平均值 C_i（表 7-15），进水浓度为 C_0，以 $\ln C_i / C_0$ 为纵坐标，深度 L 为横坐标绘制曲线，根据一级反应动力学原理，拟合获取 NO_3—N 的反硝化速率常数。由于第 1 天进水浓度较大，故函数拟合时扣除第 1 天的值，这与拟合 TN 衰减速率常数时方法相似。

三柱基本符合一级动力学原理。三柱 NO_3—N 反硝化速率常数分别为：$K_{砾} = 2.694 m^{-1}$；$K_{细} = 3.738 m^{-1}$；$K_{粉} = 6.557 m^{-1}$。

整个实际河水淋溶实验中，NO_2—N 检出次数较少，范围在 0～2mg/L，NH_3—N 实验前期检出较多，但没有明显的规律性，范围在 0～4mg/L。通过以上分析，可以看出 NO_3—N 大部分情况下和 TN 的变化规律相似，但也有不同之处。此种现象在柱 3 中较明显，柱 3 中 TN 降解能力仅在 0.4m 内有明显的降解效果，0.4m 以下 TN 降解效率较差，几乎和深度没有太大的关系。而柱三中的 NO_3—N 去除能力却是三柱中效果最好的。

表 7-15　　　　　　　　　　三柱 NO_3—N 不同深度浓度均值表

深度（m）	柱 1（mg/L）	柱 2（mg/L）	柱 3（mg/L）
0.00	4.28	4.28	4.28
0.10	2.86	1.99	2.53
0.20	1.93	1.05	0.83
0.30	1.67	0.81	0.69
0.40	1.5	0.78	0.38
0.50	1.13	0.54	0.17
0.65	0.57	0.43	0.05
0.80	0.5	0.33	0.02
0.95	0.49	0.2	0.01

3. 三柱 NH₃—N、NO₂—N 数据分析

整个实际河水淋溶实验中，NH_3-N 实验前期检出较多，但没有明显的规律性，范围在 $0\sim4mg/L$。分析原因可能是：①实验前期进水中有 NH_3-N，经土壤介质向下入渗时未被吸附或生物降解；②淋溶液入渗过程中将原本土壤含有的本底值解析出来。实验中后期原水中没有 NH_3-N 检出，土壤介质中本底值已基本被淋溶出，故中后期出水 NH_3-N 检出较少且没有规律。NO_2-N 检出次数较少，范围在 $0\sim2mg/L$，因为 NO_2^- 较不稳定，极易转换成 NO_3^-。

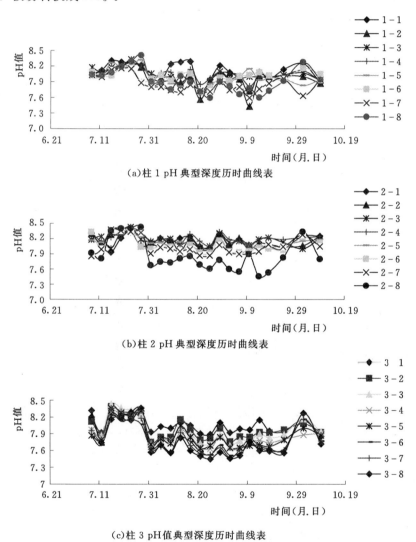

（a）柱 1 pH 典型深度历时曲线表

（b）柱 2 pH 典型深度历时曲线表

（c）柱 3 pH 值典型深度历时曲线表

图 7-17　本柱实验过程 pH 值变化情况

产生反硝化作用的 pH 值范围为 $3.5\sim11.2$，反硝化作用最佳 pH 值为 $8\sim8.6$。一些学者认为，土壤中主要反硝化产物是 N_2O。N_2O 和 N_2 的比例取决于 pH 值：当 pH>7 时，N_2O 可迅速还原为 N_2；当 pH<6 时，这种还原受到强烈的抑制。本实验三柱 pH 值范围在 $7.4\sim8.6$ 之间（图 7-17），符合反硝化作用发生条件。

7.5 三氮迁移转化规律分析

7.5.1 三种典型介质对三氮的衰减量计算分析

本次试验将单根柱子出水流量控制在约 2.473L/d，是模拟实际河水下渗的最佳状态，故整个实验过程需要人为控制流量，实际流量如图 7-18 所示。

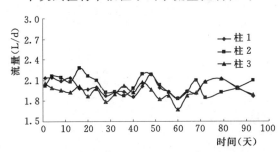

图 7-18 实际河水淋溶实验流量历时曲线

结合实测进出水浓度，可得：单位质量衰减量＝溶出总量/土总量，结果见表 7-16。

由表 7-16 可以明显看出，柱 3 粉质黏土对氮污染物去除的效果最好，柱 2 细砂次之，砾石含砂去除效果相对较弱。

表 7-16　　三柱实际河水三氮衰减量（时间 2008 年 7 月 9 日～9 月 25 日）

试验柱	TN		NO₃—N	
	总量（mg）	单位质量衰减量（mg/100g）	总量（mg）	单位质量衰减量（mg/100g）
柱 1	408.06	1.19	364.7	1.07
柱 2	573.59	2.04	463.7	1.65
柱 3	436.74	5.96	548.6	7.48

7.5.2 温度对三氮转化的影响

在实验后期（9 月 24 日以后），三柱 TN、NO₃—N 去除现象明显减小。造成这种现象的原因可能是在这个实验阶段，温度对水体中三氮的去除具有重要的影响。随着季节的变化，室内温度降低，很难满足硝化作用和反硝化作用的适宜的最佳温度，当然在这里 TN 去除能力下降不排除与实际河水浓度升高有一定的关系，但温度降低是其主要的原因。为了进一步证实温度对三氮迁移转化的影响，在三种单一介质柱实验完成后选择了典型的柱 2，使其仍然继续运行。即该柱 2008 年 7 月～2009 年 4 月的 TN、NO₃—N 浓度不同时间随深度的变化情况如图 7-19 和图 7-20 所示。

从图 7-19 和图 7-20 不同时间 TN、NO₃—N 浓度随深度变化曲线可以明显看出，存在两种不同的变化趋势。图左部分为 2008 年 10 月之前的实验数据，右边部分为柱 2 的后续实验。两部分明显区别在于左边部分 TN、NO₃—N 随着深度加深有明显减少的趋势，而后续实验（右边部分）却没有明显的变化。

为了更进一步研究柱 2 后续试验 TN、NO₃—N 浓度随深度的变化趋势，对柱 2 进出水同一深度不同时间浓度变化进一步进行分析。柱 2 后续实验运行期在 2009 年冬季，由于冬季河水结冰，无法在取样点潮白河与减河交汇处正常取样，为了不耽误实验运行，后续实验改在 MBR 出水处采取，MBR 出水 2009 年 2～4 月的 TN 浓度为 14～20mg/L，

NO_3-N 浓度为 13～20mg/L，而 2008 年 7～10 月实际河水 TN、NO_3-N 浓度仅为 4～10mg/L，所以柱 2 后续实验进水浓度高于 2008 年进水浓度。

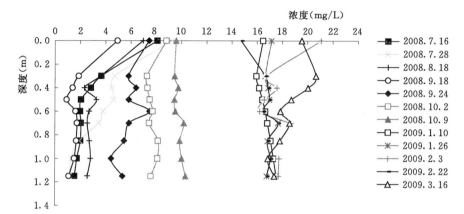

图 7-19　柱 2 不同时间 TN 浓度随深度变化曲线

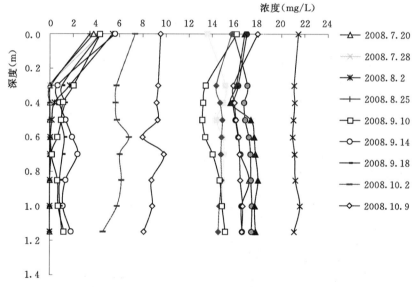

图 7-20　柱 2 不同时间 NO_3-N 浓度随深度变化曲线

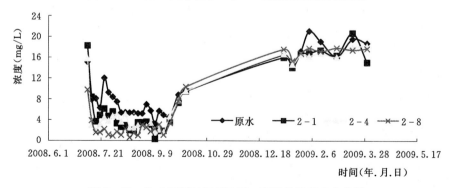

图 7-21　柱 2 不同时间 TN 同一深度处浓度变化曲线

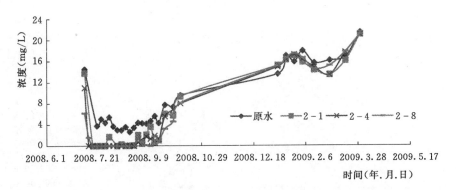

图 7-22　柱 2 不同时间 NO_3-N 同一深度处浓度变化曲线

由图 7-21 和图 7-22 柱 2 不同时间 TN、NO_3-N 同一深度处浓度变化曲线中可以明显看出，冬季随着温度降低，TN、NO_3-N 浓度随着深度加深没有明显变化，进水浓度与出水浓度变化不大。因为硝化作用的适宜温度为 16～35℃，温度太高和太低对硝化作用都不利，当温度小于 0℃（Campbell 等，1970）或大于 40℃（Aleander，1965）时，硝化作用很弱。35℃和 20℃相比，前者的硝化速率约为后者的 8 倍。反硝化作用的最佳温度为 35～65℃，35℃时即达到最高的反硝化速率，从 35～60℃其反应速率几乎一样。在 3～85℃范围内，均可发生反硝化作用，但低于 11℃时，反硝化速度就很低了。由 2009 年 1 月 4 日～4 月 27 日监测温度可知，柱 2 后续实验阶段，临近冬季，天气较冷，温度较低，很难满足硝化和反硝化的适宜温度，故三氮转化随深度无明显变化。冬季具体温度变化如表 7-17 所示。

表 7-17　　　　　　　　　　　水 箱 水 温 监 测 数 据

2009 年温度监测日期（月.日）	平均水温（℃）	2009 年温度监测日期（月.日）	平均水温（℃）
1.4	5	2.3	5
1.5	5	2.7	8
1.7	5	2.14	9
1.10	5	2.22	10
1.14	6	3.1	12
1.18	4	3.8	15
1.22	4	3.15	14
1.26	5	3.30	17
1.30	7	4.27	16.5

第8章 再生水入渗补给地下水同位素研究

为进一步摸清再生水入渗对地下水的影响，拟采用同位素示踪对再生水补给地下水过程进行研究。

运用环境同位素（$\delta^{18}O$，δD，^3H 或 CFC）和水化学等，研究区域大气降水、再生水、地下水中环境同位素和水化学的组成，揭示流域水循环机理，为建立流域水量转换、溶质运移和水流系统模拟模型及流域水资源管理的决策支持系统奠定基础。具体研究内容为：①含水介质结构研究，收集研究区有关钻孔资料，分析不同深度土样的物质组成、密度，以揭示含水介质的空间结构；②水循环要素观测和取样，收集气象、水文观测点以及地下水观测孔，观测河流水位/流量、地下水位、大气降水，采集水样样品；③室内试验，分析水样中化学组分（包括水化学常规、同位素）。

通过流域内大气降水、地表水和地下水样品采集，获取其环境同位素信息，研究流域大气降水、地表径流和地下水以及不同的地下水体之间的形成与变化规律。结合气象观测（降水前后大气温度、降水量），采集不同高程、不同时期的大气降水、地表水及不同含水层地下水水样，在室内进行环境同位素（$\delta^{18}O$，δD，^3H 或 CFC）及水化学分析，从时空域上分析降水量与环境同位素的关系，分析大气降水中稳定同位素（$\delta^{18}O$，δD）组成及分布规律。在同位素方法应用研究的基础上，结合区域气象、水文、水文地质等资料，从流域角度，分析水文循环过程、空间转换规律；研究引水、调水、蓄水、灌溉等强烈人类活动作用条件下区域内不同水体（大气降水、地表水、地下水及不同含水层地下水）的转化路径、过程、转化单元；揭示不同水体的转换规律、内在补给机理和流域地下水补给更新能力。

8.1 实施方案与技术路线

本研究通过进行大量现场观测和采样工作，对样品室内试验分析，综合运用多种同位素技术和多学科交叉研究方法，揭示区域水循环机理和再生水入渗对地下水的影响过程。

研究框架和技术路线如图8-1所示。

（1）文献、资料收集。收集、整理、分析历史资料和前人研究成果，掌握水资源和水环境状况，不仅为水循环演化规律分析提供历史数据支持，也为现场观测、试验的观测、取样站点的布设提供依据。

（2）现场观测、试验和取样。采用人工与先进自计仪器观测相结合的方法，对降水、径流量、地下水位进行观测，同时进行降水（每次降水）、地表水、地下水系统采样（1次/月），进行水体中环境同位素（δD、$\delta^{18}O$、T/CFC）和水化学常规分析。分析不同水

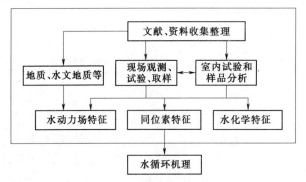

图 8-1　研究框架和技术路线图

体相互转化关系、水资源量和环境同位素特征，这是流域水循环机理研究的必要条件。

（3）室内试验和样品分析。分析测试采集的样品化学组分（包括水化学常规、同位素）。结合野外现场观测试验数据、不同水体氘氧同位素和水化学特征，可研究降水－地表水－地下水相互转换关系；利用 T/CFC 分析地下水可更新性以及

地下水受到污染的时期；综合地质、水文地质等文献资料分析水动力场特征；最终揭示水循环机理。

8.2　同位素示踪原理

8.2.1　水源组分比分割原理

自然界水循环中，不同水体之间的相互转化复杂，为了更好地利用和开发有限的水资源，往往必须了解它们之间的相互转化关系和转化量。通过示踪剂研究水体的不同来源混合比例是目前比较实用且有效的方法，而量化不同来源混合比例的前提是确定水体的补给来源及有效准确的示踪剂。

确定一种水体由不同种水体混合时，通常所应用示踪剂种类比水体混合种类少一种，但为了更精确地量化不同来源的混合比，需要尽可能地利用较多种类的示踪剂，使其足够多，超过混合水体的组分种类，按照质量守恒原理，再确定有效的示踪剂和水体混合的组分，即

$$f_1+f_2+\cdots+f_m=1$$
$$C_{11}f_1+C_{21}f_2+\cdots+C_{m1}f_m=C_{1s}$$
$$C_{12}f_1+C_{22}f_2+\cdots+C_{m2}f_m=C_{2s} \qquad (8-1)$$
$$\vdots$$
$$C_{1n}f_1+C_{2n}f_2+\cdots+C_{mn}f_m=C_{ns}$$

式中：f 为构成水体不同混合成分所占的百分比；C 为示踪剂的含量，$n\geqslant m-1$。

将方程组写成矩阵的形式就是

$$Cf=C_s \qquad (8-2)$$

然后通过对矩阵 C 进行线性变换，根据结果最终确定有效的示踪剂及混合来源的组分。

8.2.2　同位素测年基本原理

利用氢氧稳定同位素计算地下水在含水层中的滞留时间时，设含水层是均质的，其中水体积为 V，同位素含量为 δ_v。含水层由大气降水补给，属潜水含水层；入口流量为 Q，

入口处同位素含量为 δ_p；出口处同位素含量为 δ_s。假设在常温下水与岩石之间没有同位素交换反应，泉出口处的同位素含量等于均质含水层中水的同位素含量，则含水层中同位素含量 δ_v 在给定的时间内表示为

$$\frac{\mathrm{d}\delta_v}{\mathrm{d}t} + \frac{Q}{V}\delta_v = \frac{Q}{V}\delta_p \qquad (8-3)$$

如果研究区大气降水存在季节性效应，在一年内大气降水信号的变化可能与正弦曲线相似，可用公式表示为

$$\delta_p = K + A\cos 2\pi t \qquad (8-4)$$

式中：K 为大气降水的同位素年平均含量；A 为与年平均同位素含量相比偏差的最大幅度。

由定义知，水在含水层中的停留时间为

$$T = \frac{V}{Q} \qquad (8-5)$$

对于时间 $t = 3/12\alpha$，将式（8-3）、式（8-4）代入式（8-5）就可以得到

$$\frac{A}{\alpha} = \frac{1 + 4\pi^2 T^2}{2\pi T - e^{-0.25/T}} \qquad (8-6)$$

其中
$$\alpha = \delta_{v\max} - K$$

式中：α 为与平均值相比含水层中水的同位素含量偏差最大幅度，即出口处信号的最大幅度。

由此可见，只要推测出入口处大气降水信号和在一个井内或一个泉水产生的信号（即出口信号），那么就可以估算出水在含水层中停留的时间。

如前所述，任何放射性同位素的原子核都服从于放射性衰变规律，自发地进行衰减。利用这一特性可测定任一天然放射性同位素物质的年龄。根据放射性衰变规律，得同位素测年的基本方程为

$$t = \frac{1}{\lambda}\ln\frac{A_0}{A} \qquad (8-7)$$

式中：A_0 为样品的初始（$t=0$）放射性同位素浓度（或放射性比度）；A 为 t 时刻样品的放射性同位素浓度（或放射性比度）；λ 为衰变常数；t 为样品的年龄。

8.3 同位素示踪成果

8.3.1 密云地区再生水和地下水同位素变化分析

1. 密云再生水受水区 $\delta D - \delta^{18}O$ 关系

从图 8-2 可看出，大部分水体位于当地降水线以下，说明水体的补给源可能受到蒸发的影响。地表水监测点一部分远离大气降水线，这些监测点主要是中加公司地表水监测点，可以明显地看出受到强烈蒸发的影响，同位素明显富集，而地表水的潮汇大桥监测点

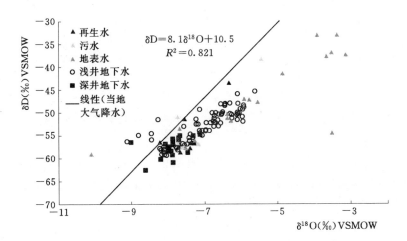

图 8-2　研究区水体 δD—δ¹⁸O 关系

则与中加公司明显不同，主要与浅层地下水同位素值接近。由于监测点皆位于降水线下方，且水体同位素值较接近，表明再生水、污水和地下水之间可能存在联系，因此需要进一步通过同位素变化分析和水化学手段进行研究。

2. 研究区水体 δD 和 δ¹⁸O 空间分布

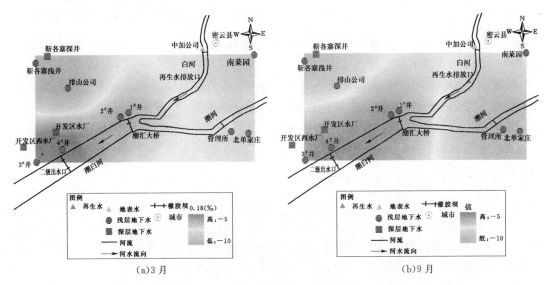

(a)3月　　　　　　　　　　　　　　(b)9月

图 8-3　2010 年 3 月和 9 月 δ¹⁸O 空间分布图

从图 8-3 可以看出，3 月和 9 月 δ¹⁸O 空间分布很类似。在河道附近的空间同位素表现为富集，而在远离地区表现为贫化。在 1# 井、2# 井、4# 井和 3# 井地下水监测点处可以明显地看出同位素都很富集，表明这几个监测井之间水力联系可能很密切，这与监测井同时受到再生水的影响有关。而其他远离河道的监测井同位素比较贫化，表明可能受到再生水影响较弱，或是不受影响，需要根据下面的同位素变化和水化学进一步分析。

对比时间变化可看出，3 月和 9 月时 δ¹⁸O 的空间分布和数值接近，也说明雨季时，降水可能对地下水补给作用较弱,附近地下水还是主要受再生水影响为主。

3. 研究区水体 Gibbs 图

如图 8-4 所示,对比非汛期和汛期时 Gibbs 图可看出,在旱季和雨季监测点的分布具有类似的结果。再生水排放口、河槽开发区、1#井、2#井、3#井、4#井归于一类,主要受到蒸发—结晶作用影响。这说明浅层地下水的补给来源可能是受到蒸发作用影响以后补给地下水。

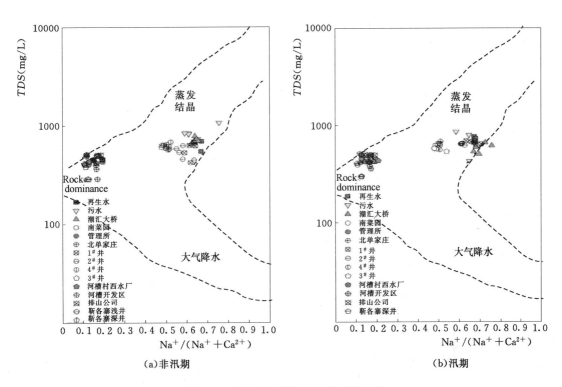

图 8-4 非汛期与汛期时水体 Gibbs 图

中加公司、潮汇大桥、潮白河管理所、河槽开发区、河槽村西水厂、靳各寨浅井、北单家庄监测点归为一类,主要受到岩石风化作用影响。监测点经历的化学作用还是以自然的风化作用为主,可能未受到再生水影响。

4. 研究区水体水化学图

从图 8-5 可看出,水体水化学类型明显分为四类。第一类为 $Na-K-Cl-HCO_3$ 型,主要包括的监测点为再生水、潮汇大桥、污水、1#井、2#井、3#井。这些监测点的水化学类型一致,表明 1#井、2#井和 3#井可能受到再生水入渗影响,导致监测井的水化学类型与再生水、潮汇大桥和污水一致。第二类为 $Na-K-Cl$ 型,主要是 4#监测井,这可能是由于 4#监测井还有其他补给来源导致。第三类为 $Ca-HCO_3$ 型,主要监测点包括中加公司、北单家庄、潮白河管理所、南菜园、河槽开发区、河槽村西水厂和靳各寨浅井,这主要是由于监测井位于再生水排放口上游如南菜园,或是地下水监测点很深如河槽的两个监测井,或是距离排放点距离很远如靳各寨浅井和潮白河管理所。从水化学类型上可能说

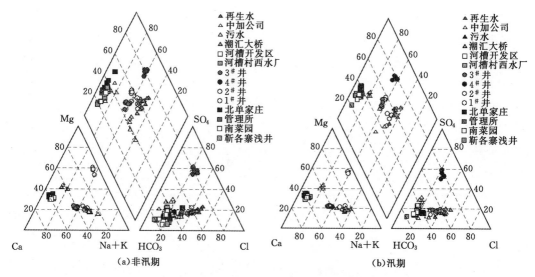

图 8-5　非汛期与汛期时水体水化学 Piper 图

明这几个监测井不受再生水入渗的影响。

5. 研究区水体电导率空间分布

从图 8-6 可看出，在 3 月和 9 月时，浅层地下水监测井电导率的空间分布具有类似规律，电导率高值主要集中在潮白河主河道两侧。这说明河道两侧可能受再生水影响程度较高。而深层井的电导率值则很低，说明可能不受再生水影响。

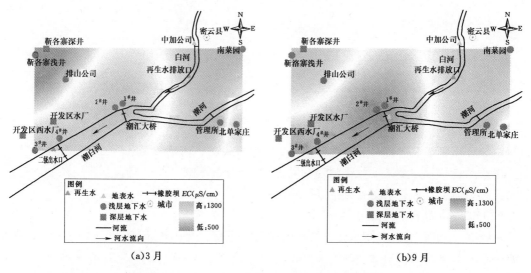

图 8-6　2010 年 3 月和 9 月电导率空间分布图

6. 研究区水体 Cl⁻ 空间分布

Cl^- 由于其具有保守性，且再生水中 Cl^- 含量远高于其他水体，因此 Cl^- 可以作为示踪再生水的离子。从图 8-7 可看出，在 3 月和 9 月 Cl^- 的空间分布规律类似，这些规律与电导率和同位素的结果相似，进一步证实了目前再生水的影响范围主要是河道两侧，且深度上主要是浅层井。深层井的 Cl^- 浓度很低，如河槽的监测井，说明深层井不受再生水影响。

从时间变化上看，3月时Cl⁻高浓度值范围要略高于8月时，这主要是由于雨季时降水的影响。降水中Cl⁻浓度值很低（4mg/L），降水的入渗在一定程度上降低了地下水中Cl⁻的浓度。

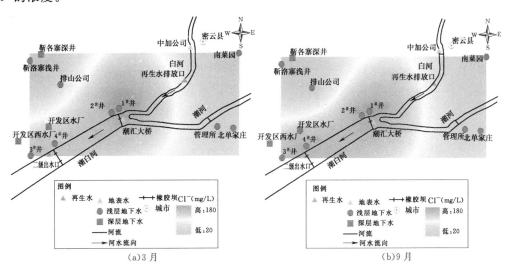

图8-7　2010年3月和9月Cl⁻空间分布图

7. 沿河流方向上监测点特征

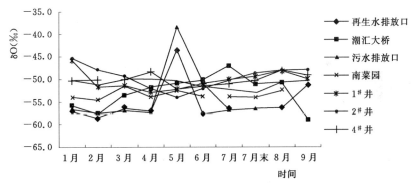

图8-8　δD随时间变化情况

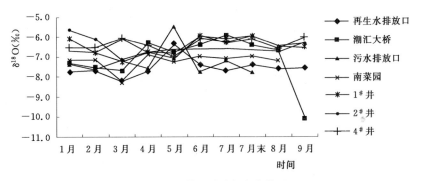

图8-9　δ¹⁸O随时间变化情况

如图 8-8、图 8-9 所示，沿河流方向上各观测点 δD 和 δ^{18}O 随时间波动不大，再生水排放口和污水排放口监测点较为贫化。温度随时间的变化如图 8-10 所示。

雨季期间（6～9 月）$1^\#$井、$2^\#$井、$3^\#$井同位素值十分接近且变化规律十分相似。

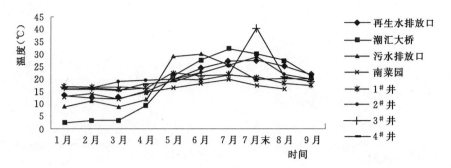

图 8-10　温度随时间变化图

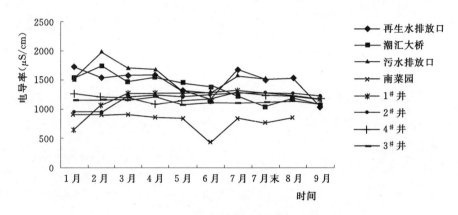

图 8-11　电导率随时间变化图

如图 8-11 所示，位于地下水流程上游的南菜园电导率普遍低于其他监测点，说明南菜园不受再生水影响。$1^\#$井、$2^\#$井、$3^\#$井和 $4^\#$井电导率介于南菜园监测点和再生水之间，普遍受到影响，朝汇大桥监测点雨季受到潮河支流来水稀释，其电导率降低。

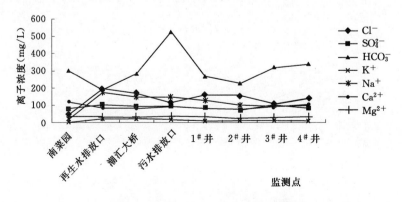

图 8-12　2010 年 3 月离子变化曲线图

枯水期：如图 8-12 所示，地下水 1#井、2#井、3#井、4#井的离子含量特征与再生水相近，表明受到再生水的影响。从 Cl⁻ 浓度来分析，受影响的程度从大到小为 1#井＞2#井＞4#井＞3#井。

丰水期：如图 8-13 所示，地下水 1#～4#井的 Cl⁻ 和 Ca²⁺ 含量高于再生水；1#井、2#井的 Na⁺ 含量高于再生水，而 3#井、4#井的小于再生水。

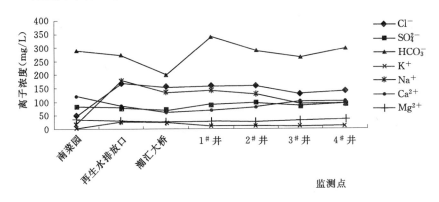

图 8-13　2010 年 9 月离子变化曲线图

8. 垂向河流方向上监测点特征

如图 8-14、图 8-16 所示，垂直河流方向上各观测点 δD 随时间波动不大，δ¹⁸O 在 3 月有一突然下降趋势，4 月又有略微上升趋势，随后几月变化幅度不大，地表水潮汇大桥监测点整体上最为富集，并在主要雨季期间更为富集。潮汇大桥监测点在 9 月的突然贫化，说明可能有其他低同位素值水体混入。

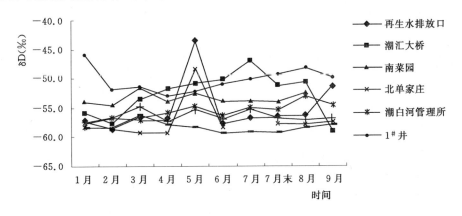

图 8-14　δD 随时间变化曲线图

如图 8-15 所示，再生水排放口点和潮汇大桥监测点在 6 月之前电导率变化类似，6 月以后由于受到降水的稀释作用，导致电导率降低。南菜园监测点和靳各寨浅井两者变化类似，且电导率值最低，说明两者未受到再生水影响。

排山公司、北单家庄和潮白河管理所电导率介于最高值和最低值之间。这说明受到了再生水影响，但由于距离河道较远，且位于垂直于地下水流方向，因此受到影响程度较弱。

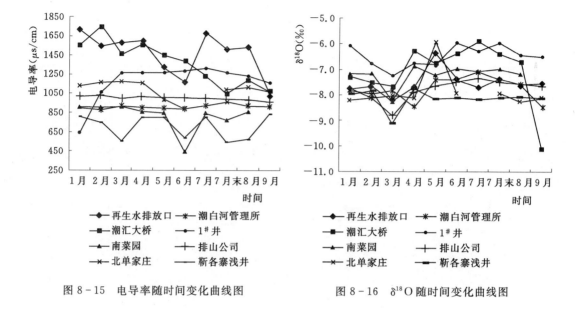

图 8-15　电导率随时间变化曲线图　　　图 8-16　δ¹⁸O 随时间变化曲线图

9. 深层地下水监测点特征

如图 8-17、图 8-18 所示，深层河槽开发区，开发区西水厂两监测点 δD 及 δ¹⁸O 随时间波动不大，且同位素与再生水相比表现为贫化。这说明具有稳定的地下水补给源，未受到再生水影响。

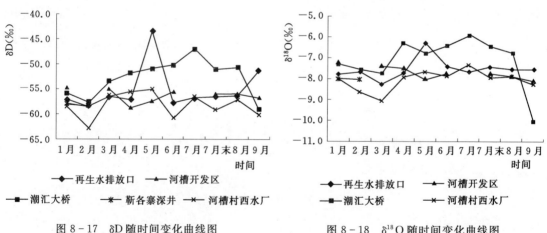

图 8-17　δD 随时间变化曲线图　　　图 8-18　δ¹⁸O 随时间变化曲线图

如图 8-19 所示，深层地下水电导率随时间变化不明显，数值较稳定，说明没有其他水源补给，这表明未受到再生水影响。再生水排放口与潮汇大桥两测点的电导率随时间的变化类似，但是在 6 月以后由于降水的稀释作用导致了潮汇大桥监测点处电导率的降低。温度随时间的变化曲线如图 8-20 所示。

枯水期：如图 8-21 所示，再生水的 Cl^-、SO_4^{2-}、Na^+、K^+ 含量都高于深层地下水，而 HCO_3^-、Ca^{2+} 含量小于地下水。深层地下水离子特征与再生水差异大，未受到再生水的影响。

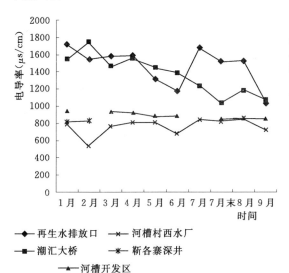

图 8-19 电导率随时间变化曲线图

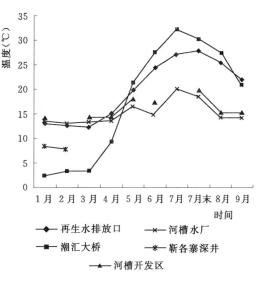

图 8-20 温度随时间变化曲线图

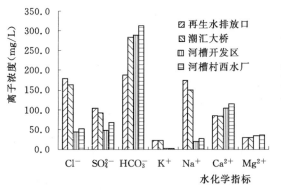

图 8-21 2010 年 3 月离子变化曲线图

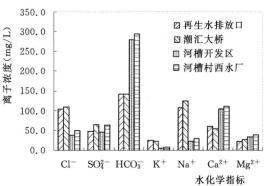

图 8-22 2010 年 3 月和 9 月离子变化曲线图

丰水期：如图 8-22 所示，再生水的 Cl^-、Na^+、K^+ 含量都高于深层地下水，而 HCO_3^- 和 Ca^{2+} 含量小于地下水。深层地下水丰水期的离子特征与再生水差异大，未受到再生水影响。枯水期 SO_4^{2-} 含量比丰水期差异更明显，而 Ca^{2+} 含量丰水期比枯水期差异明显。枯水期 Cl^-、Na^+ 高于丰水期，这可能是因为降水的稀释作用。

10. 混合比例估算

密云地区非汛期与汛期受影响地下水补给源混合比例见表 8-1。

11. 小结

(1) 深层地下水包括靳各寨深井，河槽开发区和开发区西水厂，南菜园和靳各寨浅层地下水均未受再生水影响。

表 8-1　　　　　　密云地区非汛期与汛期受影响地下水补给源混合比例　　　　　　　　　%

监测点	非汛期		汛期		
	再生水比例	当地地下水比例	再生水比例	当地地下水比例	降水比例
1# 井	81	19	79	5	16
2# 井	70	30	78	5	17
3# 井	61	39	73	12	15
4# 井	70	30	49	41	10
潮白河管理所	11	89	14	83	3
排山公司	21	79	18	78	4
北单家庄	17	83	16	80	4

（2）1# 井、2# 井、3# 井和 4# 井均受到再生水严重影响，丰枯水期影响程度不同。

（3）北单家庄、潮白河管理所、排山公司监测点均受到再生水的影响，影响程度相对较轻；随着与河道距离的增加，受再生水影响的程度在减小。

（4）影响深度以 80m 以上的浅层井为主，水平远达距离河道 1.8km 处。

8.3.2　怀柔地区再生水和地下水同位素变化分析

1. 怀柔地区水体 δD—$\delta^{18}O$ 关系

从图 8-23 可以明显看出，大部分水体位置都位于当地降水线以下，表明水体大部分受到了蒸发的影响。其中地表水体部分监测点位于或是接近于大气降水线，说明其来源可能是大气降水。这主要是由于这个监测点为 1# 橡胶坝处监测点，为再生水排放口上游水体，主要来自大气降水，且受到一定程度上的蒸发作用的影响。而再生水，浅层井和深层井位置接近，但是同位素值的变化范围较大，共同受到蒸发作用的影响。部分浅层井和再生水的同位素值接近，这说明水体之间可能存在联系，需要进一步进行分析。

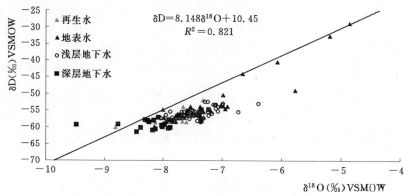

图 8-23　怀柔地区水体 δD—$\delta^{18}O$ 关系图

2. 研究区水体 δD 和 δ¹⁸O 空间分布

如图 8-24、图 8-25 所示，δD 和 $\delta^{18}O$ 空间分布特征表现为深层井同位素贫化，浅层井同位素富集，同样说明深层地下水可能未受到再生水影响，而浅层井可能受到再生水影响。

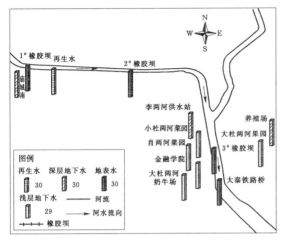

图 8-24 δD 空间分布图

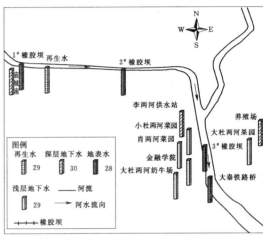

图 8-25 $\delta^{18}O$ 空间分布图

3. 研究区水体电导率空间分布

如图 8-26 所示，在 3 月，地表水体之间电导率值接近，尤其是在再生水排放口下游的地表水监测点和再生水电导率值之间，说明下游的监测点水体的主要来源是再生水。而位于再生水排放口上游的庙城南监测点的电导率较低，表明其未受到再生水影响，其原因可能是：①位于再生水排放口的上游，地下水流场的上方；②井深达 200 余 m，地层岩性上中间有很多的黏土层，渗透系数小，所以未受到再生水影响。李两河供水站电导率与庙

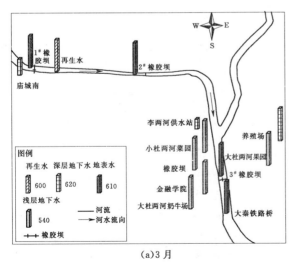

(a)3 月

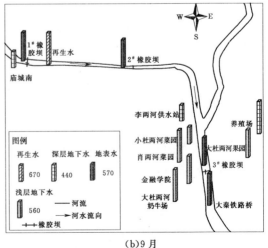

(b)9 月

图 8-26 2010 年 3 月和 9 月电导率空间分布图

城南接近，说明同样未受到再生水影响，原因与庙城南监测点相同，虽然其与河道距离较近。而其他监测井的电导率与再生水和河道地表水监测点接近，说明受到了再生水的影响，主要原因可能是：①与河道距离较近；②这些监测井主要为浅层井，容易受到再生水补给影响。9 月的规律与 3 月一致，但是监测井和河道地表水的电导率降低了，这是由于受到降水稀释作用的影响。

4. 研究区水体 Cl⁻ 空间分布

如图 8-27 所示，Cl⁻ 在 3 月和 9 月时的空间分布特征具有类似规律，不同的是旱季时浓度要略高于雨季，这是由于降水入渗稀释作用的影响。从空间分布曲线上可看出，深层的庙城南监测井、李两河供水站的 Cl⁻ 明显低于其他监测井和地表水，这表明深层地下水未受到再生水入渗的影响，而浅层地下水 Cl⁻ 与再生水和地表水数值接近，这说明浅层地下水可能是受到了再生水的影响。

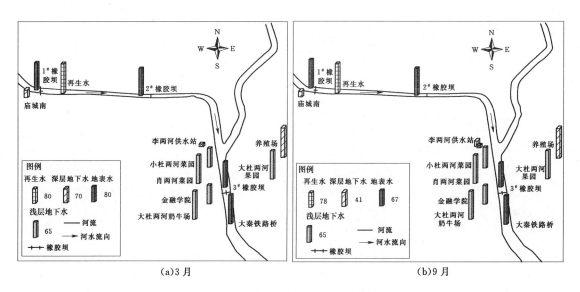

(a)3 月　　　　　　　　　　　　　　　　(b)9 月

图 8-27　2010 年 3 月和 9 月 Cl⁻ 空间分布图

5. 研究区水体水化学类型

从图 8-28 可看出，水体水化学类型主要分为三类。第一类为 Na-K-Cl 型，主要包括再生水、1ꟹ坝、2ꟹ坝、3ꟹ坝和大秦铁路，主要为再生水和地表水监测点，因为河道里水体的主要来源是再生水，所以其水型一致，也说明再生水排放到河道以后，未有改变水化学成分的化学作用发生。第二类为 Ca-Na-K-Cl-HCO₃ 型，主要包括大杜两河果园、肖两河菜园和大杜两河奶牛场。第三类为 Ca-HCO₃ 型，主要包括李两河供水站、金融学院小杜两河养殖场和小杜两河菜园。第二类水型介于第一类和第三类之间，可以明显地看出第二类监测点受到了再生水的影响，造成离子成分中引入了 Na-K-Cl，而第三类水体中则 Na-K-Cl 相对较少。这说明第二类明显受到再生水影响，而第三类中部分监测点可能受到再生水影响的程度较小，在第三类中可看出李两河供水站与其他水体距离较远。

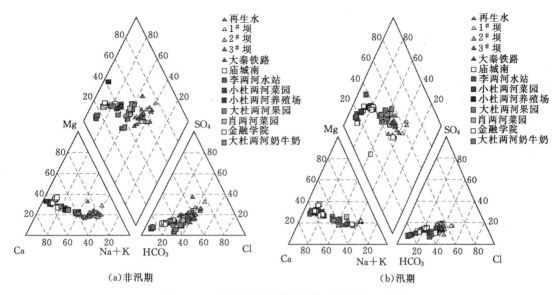

图 8-28　非汛期与汛期时水体水化学 Piper 图

6. 研究区水体 Gibbs 图

如图 8-29 所示，非汛期和汛期时监测点明显分为两组，第一组包括 1# 橡胶坝、再生水排放口、2# 橡胶坝、3# 橡胶坝、大秦铁路、小杜两河奶牛场、大杜两河果园、金融学院。第二组为剩余监测井点。第一组的监测井与再生水和地表水经历的水化学作用都是蒸发—结晶，表明这些地下水的补给来源可能是再生水和地表水，即可能受到了再生水的

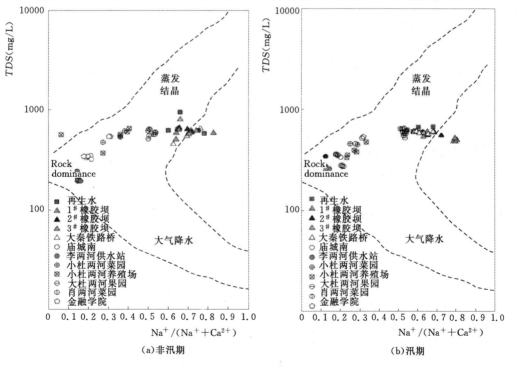

图 8-29　非汛期与汛期时水体水化学 Piper 图

影响。而第二组主要是经历自然的岩石风化作用的影响，表明未受到再生水的影响。

　　7. 浅层地下水监测点特征

　　如图 8-30、图 8-31 所示，怀柔浅层监测点除 3# 橡胶坝、大秦铁路桥两地表水监测点在 4 月、5 月 δD 及 δ^{18}O 有显著富集现象外，其余各站点在观测期间随时间波动不大，再生水排放口的地表水站点在 3 月 δ^{18}O 有一显著贫化趋势，可能有外来水体混入。

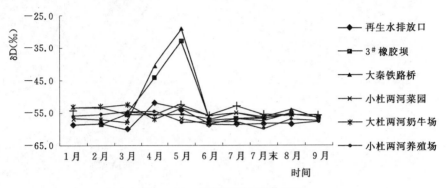

图 8-30　δD 随时间变化曲线图

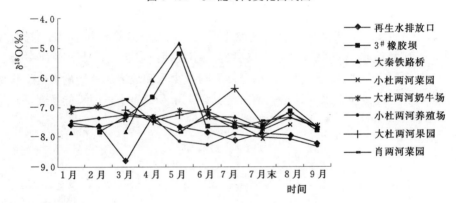

图 8-31　δ^{18}O 随时间变化曲线图

　　8. 深层地下水监测点特征

　　如图 8-32、图 8-33 所示，怀柔 3# 橡胶坝观测点在 4 月、5 月两个月，δD 和 δ^{18}O 有显著富集现象，深层地下水井观测点在 7 月末也有一显著富集。

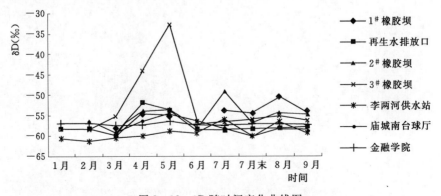

图 8-32　δD 随时间变化曲线图

如图 8-34 所示，1$^\#$橡胶坝、再生水排放口和 2$^\#$橡胶坝电导率变化类似，主要是由于河道水主要是再生水，同时电导率一直很高。金融学院的电导率在 5 月、6 月、7 月和 8 月时较低，可能是由于受到降水影响，有降水补给。庙城南台球厅和李两河供水站两者电导率一直较低，在 6 月时电导率都有所降低，同样表明接受过降水补给。因此，庙城南台球厅监测点和李两河供水站点未受再生水影响，而金融学院可能受一定影响。

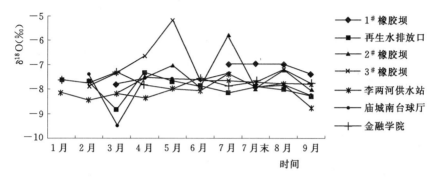

图 8-33 δ^{18}O 随时间变化曲线图

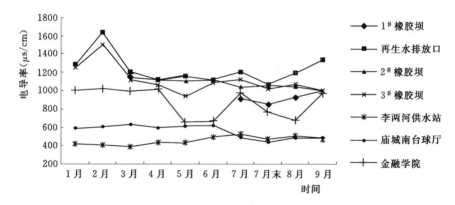

图 8-34 电导率随时间变化曲线图

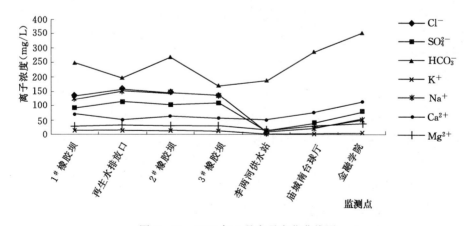

图 8-35 2010 年 3 月离子变化曲线图

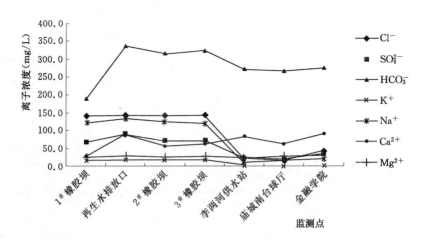

图 8-36　2010 年 9 月离子变化曲线图

如图 8-35、图 8-36 所示，深层地下水中离子皆低于再生水和地表水，且深层地下水在 3 月和 9 月数值稳定、变化不大，表明深层地下水不受再生水影响，但其中金融学院的地下水中 Cl^- 数值介于再生水和其他地下水之间，说明金融学院可能受到再生水一定程度的影响。

9. 混合比例估算

怀柔地区非汛期与汛期受影响地下水补给源混合比例见表 8-2。

表 8-2　　　　　　　　怀柔地区非汛期与汛期受影响地下水补给源混合比例　　　　　　　　％

监测点	非汛期		汛期		
	再生水比例	当地地下水比例	再生水比例	当地地下水比例	降水比例
小杜两河菜园	47	53	23	76	1
大杜两河奶牛场	65	35	76	19	5
小杜两河养殖场	60	40	23	76	1
大杜两河果园	75	25	81	13	6
肖两河菜园	71	29	87	7	6
金融学院	25	75	29	69	2

10. 小结

（1）浅层地下水基本上都受到再生水影响，影响深度主要是在 80m 左右。

（2）小杜两河菜园和小杜两河养殖场受到再生水的影响是季节性的，1～5 月受到影响，而 6～9 月主要受降水入渗补给的影响。

（3）深层监测井庙城南台球厅、李两河供水站不受再生水影响，金融学院点在 1～5 月时受到再生水一定的影响。

第9章 地下水环境变化模拟分析研究

在对大量的气象、水文、地质资料综合分析的基础上，采用有限单元法建立研究区地下水三维非稳定流数值模拟模型，对模型进行了识别、检验。建模的目的：①充分认识研究区的地下水流动规律，摸清典型溶质运移规律；②进行不同开采方案下的情景模拟，在定量对比不同方案对地下水位影响的基础上，预测再生水入渗对下游地下水水源地的影响。地下水建模的基本流程见图9-1。

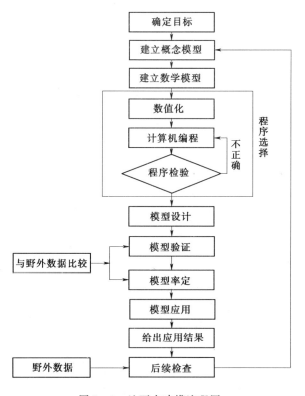

图9-1 地下水建模流程图

9.1 地下水概念模型的建立

地下水概念模型是地下水流系统的一种图示方法，通常采用框图和剖面图的形式表示，其目的是简化实际的水文地质条件和组织相关的数据，以便能够较系统地分析地下水系统。本研究建立概念模型的目的主要是为建立地下水流数值模拟提供依据，主要有边界条件的概化、含水层结构的概化、地下水流的概化、源汇项的概化和参数分布等。

本部分主要利用前人工作成果、收集已有资料的基础上，综合水文地质条件，确定模型的范围和边界条件、水文地质结构和水文地质参数、源汇项和径流特征等。

9.1.1　研究区边界条件的概化

1. 侧向边界

根据模拟区的地质条件、水文地质条件和地下水开发利用特点，结合行政分区、水文地质单元，地下水系统模拟区边界类型确定如下：

（1）潜水含水层。模拟区东部、北部和西北部，接受山区侧向补给，定为流量流入边界；南部为流量边界，模型的东南部和平谷西部的边界大致与等水位线基本垂直，为零通量边界，总面积 $621km^2$。

（2）浅层承压含水层。该层是模拟区的集中开采层，补给量来自上游侧向补给和潜水含水层越流补给，南部边界为地下水流出边界，作为流量边界。

（3）深层承压含水层。该层是模拟区应急水源地深井和农村改水井开采层，补给量来自上游侧向补给和浅层承压含水层越流补给，南部边界主要为地下水流出边界，作为流量边界。

2. 垂向边界

潜水含水层自由水面为系统的上边界，通过该边界，潜水与系统外发生垂向水量交换，如田间入渗补给、大气降水入渗补给等。研究区再生水补给地下水的主要方式有两种：一种通过天然的河道补给，另外一种是通过渗坑进行补给。

3. 水力特性

地下水系统符合质量守恒定律和能量守恒定律；含水层分布广、厚度大，在常温常压下地下水运动符合达西定律；考虑浅层、深层之间的流量交换以及软件的特点，地下水运动可概化成空间三维流；地下水系统的垂向运动主要是层间的越流，三维立体结构模型可以很好地解决越流问题；地下水系统的输入、输出随时间、空间变化，故地下水为非稳定流；参数随空间变化，体现了系统的非均质性，但没有明显的方向性，所以参数概化上 x、y、z 方向上的参数在数值上相等。

综上所述，模拟区可概化成非均质各向异性、空间三维结构、非稳定地下水流系统，即地下水系统的概念模型。

9.1.2　含水层结构的概化

分析收集研究区钻孔 159 眼，分析收集的钻孔柱状图资料，如图 9-2 所示。

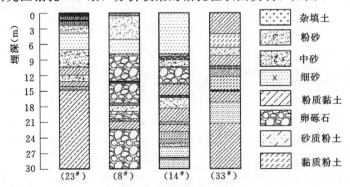

图 9-2　研究区部分钻孔柱状图

综合研究区水文地质条件进行分析和总结，并结合地下水的开采利用现状，参照含水层发育程度、含水层渗透性、地下水水力性质、水文地球化学特征，以及分布全区钻井资料综合分析，将研究地层结构划分成三个含水层和两个弱透水层。

本区第四系沉积物广泛分布于平原和山间沟谷，沉积层的特征为：北薄南厚，东薄西厚。由北向南颗粒由粗变细；层次由单一到多层，层厚度由薄变厚。根据松散层的沉积规律和埋藏条件，本区可分为三个含水层，由上到下分别为：潜水含水层、浅层承压含水层和深层承压含水层组（图9-3～图9-5）。

为适应FEFLOW软件建模对模型结构的要求，将各冲洪积扇的中上部单一砂砾石含水层分布区，在垂向上也虚拟为5层，分别对应上述5层。虚拟层的参数取值为单一含水层的参数值。

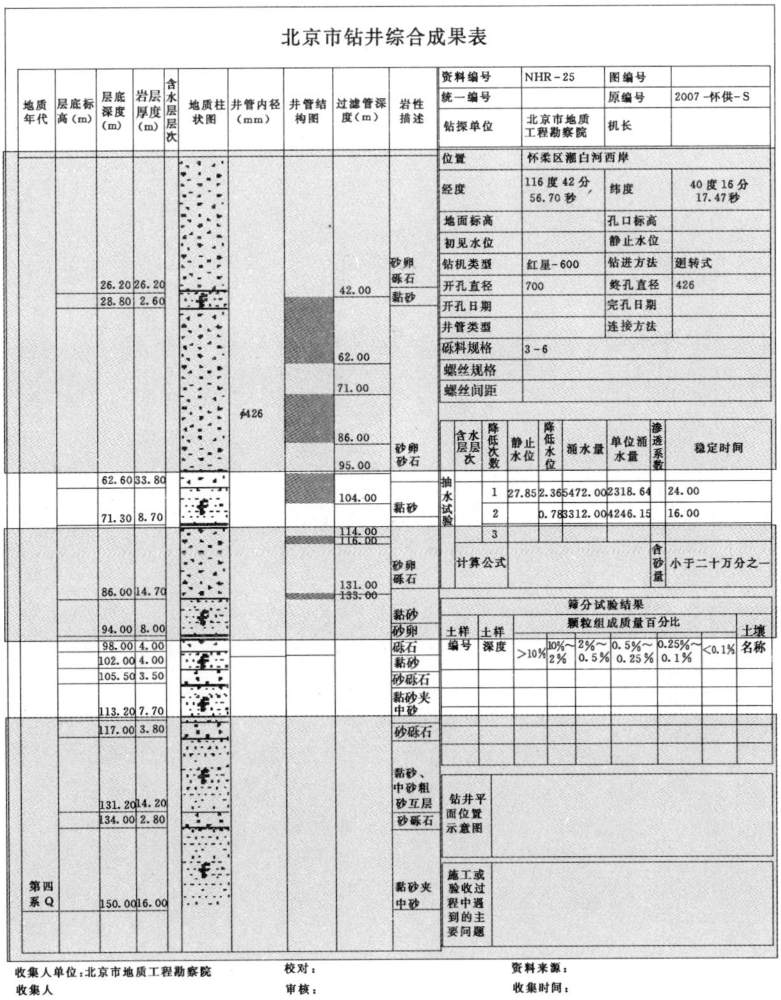

北京市钻井综合成果表

地质年代	层底标高(m)	层底深度(m)	岩层厚度(m)	含水层层次	地质柱状图	井管内径(mm)	井管结构图	过滤管深度(m)	岩性描述
		26.20	26.20					42.00	砂卵砾石
		28.80	2.60			φ426		62.00	黏砂
								71.00	
								86.00	砂卵砂石
		62.60	33.80					95.00	
		71.30	8.70					104.00	黏砂
		86.00	14.70					114.00 / 116.00	砂卵砾石
		94.00	8.00					131.00 / 133.00	黏砂砂卵
		98.00	4.00						砾石
		102.00	4.00						黏砂
		105.50	3.50						砂砾石
		113.20	7.70						黏砂夹中砂
		117.00	3.80						砂砾石
		131.20	14.20						黏砂、中砂粗砂互层
		134.00	2.80						砂砾石
第四系Q		150.00	16.00						黏砂夹中砂

资料编号	NHR-25	图编号	
统一编号		原编号	2007-怀供-S
钻探单位	北京市地质工程勘察院	机长	
位置	怀柔区潮白河西岸		
经度	116度42分56.70秒	纬度	40度16分17.47秒
地面标高		孔口标高	
初见水位		静止水位	
钻机类型	红星-600	钻进方法	回转式
开孔直径	700	终孔直径	426
开孔日期		完孔日期	
井管类型		连接方法	
砾料规格	3-6		
螺丝规格			
螺丝间距			

抽水试验

含水层层次	降低次数	静止水位	降低水位	涌水量	单位涌水量	渗透系数	稳定时间
	1	27.85	2.36	5472.00	2318.64		24.00
	2		0.78	3312.00	4246.15		16.00
	3						

计算公式		含砂量 小于二十万分之一

筛分试验结果

土样编号	土样深度	>10%	10%~2%	2%~0.5%	0.5%~0.25%	0.25%~0.1%	<0.1%	土壤名称

钻井平面位置示意图

施工或验收过程中遇到的主要问题

收集人单位:北京市地质工程勘察院 收集人	校对: 审核:	资料来源: 收集时间:

图9-3 研究区单井分层示意图

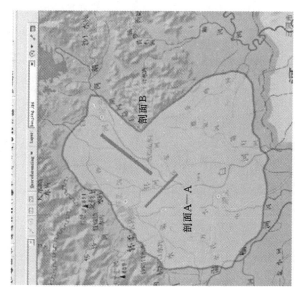

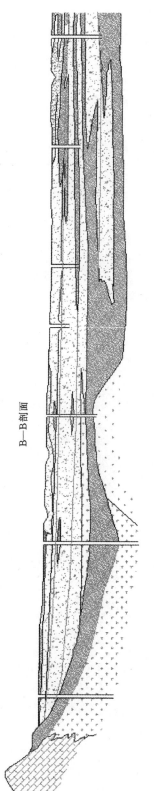

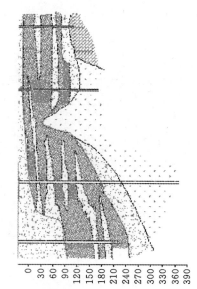

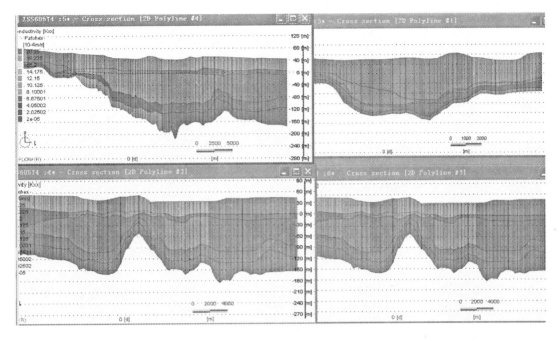

图 9-5　FEFLOW 三维地质剖面图

9.1.3　地下水均衡要素分析

地下水系统的均衡要素是指其补给和排泄项，它包括降水入渗、灌溉回渗、河渠渗漏、蒸发、农业开采等。根据收集的资料，初步对研究区 2007 年的水均衡要素进行了分析，如图 9-6 所示。

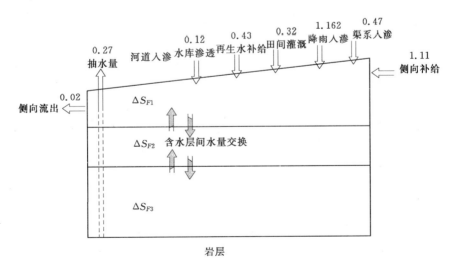

图 9-6　2007 年水量平衡分析（单位：亿 m³）

9.2　地下水数学模型的建立

地下水数学模型，是指刻画实际地下水流在数量、空间上的一组数学关系式。它具有复制和再现实际地下水流运动的能力，常用偏微分方程及其定解条件构成。根据研究区水文地质条件，通过研究模拟区地下水补排和动态变化特征，将研究区的地下水流概化成非均质各向同性、空间三维结构、非稳定地下水流系统，可用地下水流连续性方程及其定解条件式（9-1）来描述。

研究区地下水渗流及溶质运移数学模型是数值模型的基础，根据前述研究区含水层特征及边界条件和源汇项，研究区地下水渗流的数学模型及其定解条件为

$$\begin{cases} \dfrac{\partial}{\partial x}\left[K(H-Z)\dfrac{\partial H}{\partial x}\right]+\dfrac{\partial}{\partial y}\left[K(H-Z)\dfrac{\partial H}{\partial y}\right]+\dfrac{\partial}{\partial z}\left[K(H-Z)\dfrac{\partial H}{\partial z}\right]+\varepsilon=\mu\dfrac{\partial H}{\partial t} \\[2mm] \dfrac{\partial}{\partial x}\left(KM\dfrac{\partial H}{\partial x}\right)+\dfrac{\partial}{\partial y}\left(KM\dfrac{\partial H}{\partial y}\right)+\dfrac{\partial}{\partial z}\left(KM\dfrac{\partial H}{\partial z}\right)+W+p=SM\dfrac{\partial H}{\partial t} \\[2mm] H(x,y,z)\big|_{t=0}=H_0(x,y,z) \\[2mm] H(x,y,z,t)\big|_{\Gamma_1}=H_1(x,y,z,t) \quad x,y,z\in\Gamma_1 \quad t>0 \\[2mm] KM\dfrac{\partial H}{\partial n}\big|_{\Gamma_2}=q(x,y,t) \quad x,y,z\in\Gamma_2 \quad t>0 \end{cases} \tag{9-1}$$

式中：H 为水位，m；Z 为第一潜水含水层底板高程，m；K 为含水层渗透系数，m/d；ε 为降雨入渗及农业回归强度，m/d；μ 为第一潜水含水层给水度；M 为承压含水层厚度，m；W 为越流强度，m/d；p 为单位面积含水层开采强度，m/d；S 为承压含水层储水率，1/m；H_0 为初始水头，m；Γ_1 为一类水头边界；H_1 为一类边界水位，m；Γ_2 为二类流量边界；q 为边界流量，m²/d。

9.2.1　模拟软件的选取及网格剖分

1. FEFLOW 软件简介

本研究根据项目组成员计算软件使用及开发经验，针对项目实际情况，决定采用由德国 WASY 公司开发的基于有限元法的 FEFLOW（Finite Element Subsurface Flow System）软件。FEFLOW 是一款交互式的基于图形界面的地下水运动模拟系统，是迄今功能最为齐全的地下水模拟软件包之一。可用于复杂的层压、潜水二维或三维的稳定、非稳定区域或断面、流体密度耦合以及化学物质的运移和热传导方面的模拟。该软件具有交互式图形输入输出和地理信息系统数据接口，能自动或人工离散研究区产生空间有限元网格，能将空间参数区域化，能快速精确地进行数值算法，并具有先进的图形可视化技术等。

FEFLOW 带有标准数据输入输出接口，数据输入格式既可以是 Shape 格式文件和 ASCⅡ 格式的点、线、多边形、注记等 ARC/INFO 和 ARCView 格式文件，也可输入 TIFF 等栅格文件。通过标准数据输入接口，用户既可以直接利用已有的空间多边形数据生成有限单元网格，也可以通过人机对话设计和调整有限元网格的几何形状，增加和放疏网格密度。在建立地下水模型时用户可以对不同的边界条件，根据实测资料增加附加约束

条件，以用来避免异常的出现。FEFLOW 提供了 Kriging、Akima、IDw 三种空间插值方法对离散的空间抽样数据进行内插和外延，并配备了直接快速求解法、皮卡—牛顿跌代法等先进的数值求解方法。FEFLOW 还提供了开放性外部程序接口，用户可以连接和调用第三方的已有程序。FEFLOW 的模拟结果既可以用 ASCⅡ、Shp 即 efile、DXF、HpGL 等文件格式输出，也可以直接显示和成图。

FEFLOW 采用加辽金法为基础的有限单元法来求解和控制优化求解过程，内部集成了若干先进的数值求解方法模块。快速直解法，如 PCG、BICGSTAB、CGS、GMREs 以及带预处理的再启动 ORTHOMIN 法；灵活多变的 Up - wind 技术，如流线 Up - wind、奇值捕捉法（Shock Capturing）以减少数值弥散；皮卡和牛顿迭代法求解非线性流场问题，自动调节模拟时间步长；模拟污染物迁移过程包括对流、水动力弥散、线性及非线性吸附、一阶化学非平衡反应；为非饱和带模拟提供了多种参数模型如指数式、Van Genuchten 式和多种形式的 Richard 方程；垂向滑动网格（BASD）技术处理自由表面含水系以及非饱和带模拟问题；适应流场变化强弱的有限单元自动加密放疏技术，以获得最佳数值解。FEFLOW 可以用于下列领域：模拟地下水区域流场及地下水资源规划和管理方案；模拟矿区露天开采或地下开采对区域地下水的影响及其最优对策方案；模拟由于近海岸地下水开采或者矿区抽排地下水引起的海水或深部盐水入侵问题；模拟非饱和带以及饱和带地下水流及其温度分布问题；模拟污染物在地下水中迁移过程及其时间空间分布规律（分析和评价工业污染物及城市废物堆放对地下水资源和生态环境的影响，研究最优治理方案和对策）；结合降水—径流模型联合动态模拟"雨—地表水—地下水"资源系统（分析水资源系统各组成部分之间的相互依赖关系，研究水资源合理利用以及生态环境保护的影响方案等）。

FEFLOW 的缺点是没有专门的处理降雨入渗以及蒸发的程序包，而是集中在 IN or OUT 模块中，这给模型的调参带来了一定的难度，但可以灵活利用 FEFLOW 边界条件来弥补源汇项调参的不足。

2．网格剖分

建立研究区地下水流数值模拟模型，首先要对模拟区进行三角剖分。采用不规则三角剖分，剖分时除了遵循一般的剖分原则外（如三角形单元内角尽量不要出现钝角，相邻单元间面积相差不应太大），还应充分考虑如下实际情况：①充分考虑工作区的边界、岩性分区边界、行政分区边界等；②观测孔尽量放在剖分单元的结点上；③集中开采水源地，放在结点上；④对再生水回灌区，在剖分时进行加密处理。在本模型中，剖分单元加密地段主要为再生水入渗区井，并将观测孔尽量放在剖分单元的结点上，各水源地的开采井放在节点上。剖分后的模拟区有 27912 个节点，44620 个单元（图 9 - 7 和图 9 - 8）。

9.2.2　地下水均衡要素的计算

地下水系统的均衡要素是指其补给和排泄项。均衡区为模拟范围，根据获得的长观孔水位资料，识别期为 2007 年 1～12 月一个日历年。2008 年 1 月～2009 年 12 月为验证期，均衡要素计算的目的是确定地下水的各项补排项随时间和空间的变化规律，为建立地下水模拟模型准备数据。

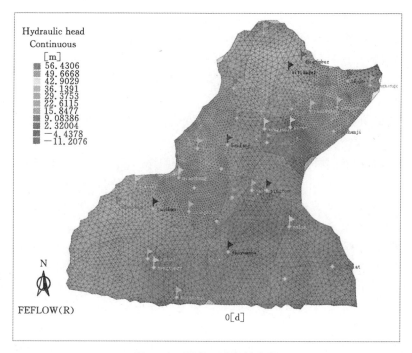

图 9 - 7　研究区平面剖分图

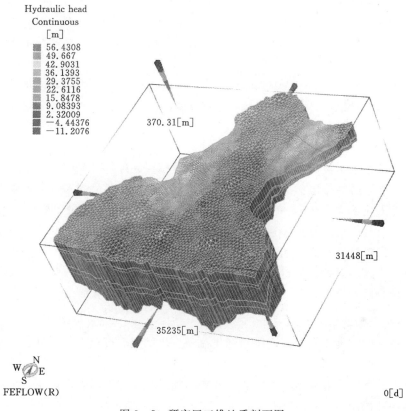

图 9 - 8　研究区三维地质剖面图

1. 地下水侧向径流量

边界径流补给是研究区地下水补给的重要来源之一，综合考虑研究区含水层地下水的流场及其水力坡度、含水层渗透系数和厚度、边界长度，可估算出边界侧向径流补给量。其断面基本情况见图 9-9。根据达西定律，各个断面的侧向量的计算公式为

$$Q_{侧补} = 8.64 \times 10^{-4} KMIL \tag{9-2}$$

式中：$Q_{侧补}$ 为地下水侧向量，$10^4 m^3/a$，正为流入量，负为流出量；K 为断面附近的含水层渗透系数，m/d；I 为垂直于断面的水力坡度；M 为含水层厚度，m。

经计算，研究区地下水总的侧向径流量为 $9754.8 \times 10^4 m^3/a$，详见表 9-1。

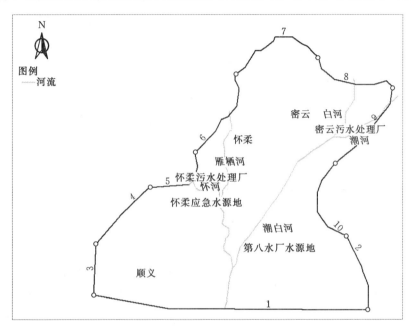

图 9-9　地下水侧向补给边界

表 9-1　　　　　　　　　　　地下水侧向补给量估量

边界编号	含水层厚度 （m）	边界长度 （m）	渗透系数 （m/d）	水力坡度 （×10⁻⁴）	侧向补给量 （m³/d）
1	33	32238	73.44	1.23	9610.04
2	35	8868	96.768	1.21	3634.197
3	34	5786	60.48	3.23	3842.699
4	65	8979	95.04	5.03	43543.05
5	69	8503	108	7.85	49739.73
6	61	10912	116.64	5.02	38976.01
7	53	12315	155.52	8.33	84558.18
8	45.1	10423	100.7424	9.2	43569.01
9	43	11310	130.464	1.13	7169.814
10	48	10531	103.68	0.35	1834.28

2. 降水入渗补给量

降水入渗补给是本区主要的补给源，其入渗量与降水量、潜水水位埋深和包气带岩性有关。研究区的地表岩性分区如图 9-10 所示。

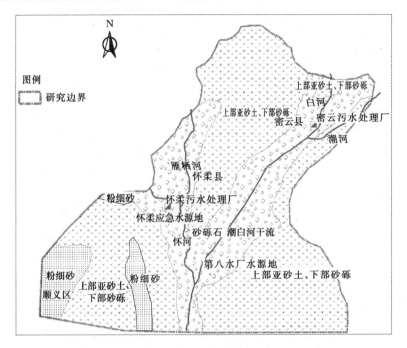

图 9-10　研究区岩性分区图

降水入渗计算公式为

$$Q_j = \alpha F X \tag{9-3}$$

式中：Q_j 为降水入渗补给量，$10^4 \text{m}^3/\text{a}$；α 为年降水入渗系数（表 9-2）；F 为计算区面积（表 9-2），10^6m^2；X 为年降水量，m/a。

依据式（9-3）可得研究区降水入渗补给量为 $16200 \times 10^4 \text{m}^3/\text{a}$。

表 9-2　　　　　　　　　　　研究区降水入渗补给系数

分区	降雨入渗系数 α	面积 F（km^2）
砂砾石	0.59	177.5
粉细砂	0.5	143.5
上部亚砂土、下部砂砾	0.39	300.6

3. 再生水入渗量

再生水入渗主要分为两个部分：一部分是密云污水处理厂再生水入渗量，另一部分是怀柔污水处理厂再生水入渗量。

（1）密云污水处理厂再生水入渗量。密云再生水主要由三个组成部分：一是滞留于河道形成地表景观；二是蒸发；三是向地下渗漏，其渗漏主要位于潮汇大桥橡胶坝以下。如图 9-11 阴影部分。

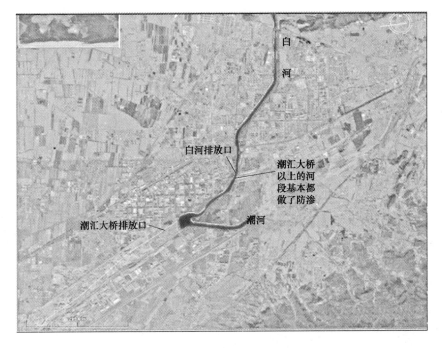

图 9-11 密云污水处理厂

檀州污水处理厂主要采用 SBR 工艺，部分二级出水排入潮汇大桥下；再生水厂采用 MBR 工艺出水排入白河。在潮白河汇合口橡胶坝上形成有水河段，其水面面积大约 1.2km²。根据水量平衡分析，2007 年再生水入渗量 819 万 m³。

（2）怀柔污水处理厂再生水入渗量。怀柔再生水主要由三个组成部分：一是滞留于河道形成地表景观；二是蒸发；三是向地下渗漏，其渗漏范围位于 3# 橡胶坝以下，如图 9-12 所示的阴影部分。

怀柔污水处理采用氧化沟与 MBR，出水排入怀河。在怀河 3# 橡胶坝上形成水面，水面面积大约 1.4km²。根据水量平衡分析，2007 年再生水入渗量 1200 万 m³。

4. 灌溉入渗量

北京市农业灌溉期一般是在旱季。因旱季土壤、包气带含水量低，灌溉水入渗在包气带中的损耗较大，且灌溉期土壤水蒸发量一般大于非灌溉期，故北京地区的灌溉回归系数一般小于降雨入渗系数。此外，灌溉方式不同，灌溉回归系数也是不同的，漫灌入渗率较大，喷灌入渗率较小。

田间灌溉入渗量包括地表水和地下水灌溉入渗量，它受地下水位埋深、包气带岩性及灌溉水量大小等因素的控制。

$$Q_t = Q_g \beta \tag{9-4}$$

式中：Q_t 为灌溉水回渗补给量，$10^4 m^3/a$；Q_g 为实际的灌溉水量，$10^4 m^3/a$；β 为灌溉回归系数，β 值主要参考科研成果和海滦河流域片的实测资料，见表 9-3。

根据式（9-4）可计算出研究区灌溉入渗量为 $3200 \times 10^4 m^3/a$。

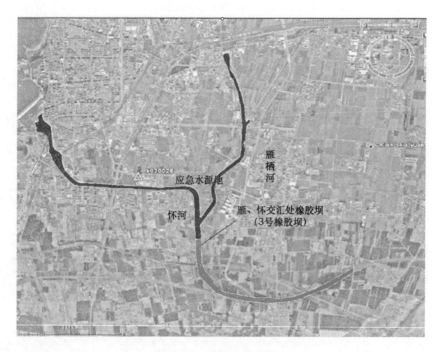

图 9-12　怀柔污水处理厂

表 9-3　　　　　　　　　　研究区灌溉回渗系数选值表

类别	灌水定额 (m³/亩次)	不同地下水埋深的 β 值				
		1～2m	2～3m	3～4m	4～6m	＞6m
井灌	40～50		0.20	0.15	0.13	0.10
渠灌	50～70		0.25	0.20	0.17	0.15

5. 潜水蒸发量

蒸发量主要与潜水位埋深、包气带岩性、地表植被和气候因素有关，一般认为水位埋深大于 4m 的地区潜水蒸发很小。

潜水蒸发量的计算公式为

$$Q_e = F\varepsilon_0 (1 - \Delta/\Delta_0)^n \qquad (9-5)$$

式中：Q_e 为地下水蒸发排泄量，$10^4 \text{m}^3/\text{a}$；Δ 为埋深小于 4m 的平均水位埋深，m；Δ_0 为地下水蒸发极限埋深 4m，m；F 为地下水位埋深小于 4m 的区域面积，10^4m^2；ε_0 为液面蒸发强度，mm/a（自然水体水面蒸发强度即实际水面蒸发强度，为直径为 20cm 的蒸发皿测得蒸发强度的 60%）；n 为与岩性有关的指数（粉土、粉质黏土取 0.5，粉砂取 1.0）。

由于研究区地下水埋深都大于蒸发极限埋深 4m，因此 2007 年研究区潜水蒸发量为零。

6. 地下水开采量

研究区内的地下水排泄主要为各水源地开采、城区工业自备井开采以及农业开采。2007 年地下水开采量见表 9-4，总计 6.27 亿 m^3。

表 9-4	2007 年研究区地下水开采量		单位：万 m³
水源地	引潮入城	水源八厂	应急水源地水厂
开采量	3500	9000	12063
水源地	农业机井	其他	合计
开采量	32000	6137	62700

9.2.3 定解条件的处理

初始条件以 2007 年 1 月统测的地下水位，采用 IDW（反距离插值）方法获得潜水含水层的初始水位。由于研究区由北到南由单一含水层逐渐过渡到多层地下水含水层，缺少分层水位观测数据，故各层采用相同的初始流场。研究区初始流场如图 9-13 与图 9-14 所示。

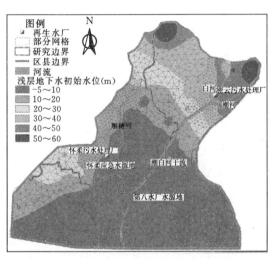

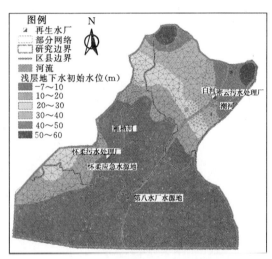

图 9-13 浅层地下水初始流场　　　　　图 9-14 深层地下水初始流场

边界条件：根据相关资料与调查分析，在研究区东北、西北和北部三面环山，初步确定为侧向流入边界，根据监测资料在 2005 年前西南、东南与南部边界，浅层潜水是侧向流出边界，在 2005 年后是侧向流入边界，深层承压水则是侧向流出边界。

9.2.4 模拟期的处理

模拟时期为 2007 年 1~12 月，以一个月作为一个时间段，每个时间段内包括若干时间步长，时间步长为模型自动控制，严格控制每次迭代的误差。

9.2.5 源汇项的处理

源汇项包括降水、再生水入渗、灌溉回渗、渠道渗漏、蒸发、农业开采等。按照软件要求，各项均换算成相应分区的开采强度，然后分配到相应的单元格中。

9.2.6 水文地质参数的处理

水文地质参数是表征含水介质储水能力、释水能力和地下水运动能力的指标。对于研究区，水文地质条件相对简单，但是考虑到空间变异性，将研究区划分成 28 个水文地质参数分区，如图 9-15 所示。不同参数分区的水文地质参数初值根据已有的经验值并参考研究区地下水资源评价报告及各个勘察和研究阶段所进行的抽水试验成果给出。

图 9-15　含水层水文地质参数分区

9.2.7　模型的识别与检验

模型的识别与检验过程是整个模拟中极为重要的一步工作，通常要进行反复地识别才能达到较为理想的拟合结果。模型的这种识别与检验的方法也称试估—校正法，它属于反求参数的间接方法之一。

运行计算程序，可得到这种水文地质概念模型在给定水文地质参数和各均衡项条件下的地下水时空分布，通过拟合同时期的流场和长观孔的历时曲线，识别水文地质参数、边界值和其他均衡项，使建立模型更加符合研究区的水文地质条件，以便更精确地定量研究模拟区的补给与排泄，预报给定水资源开发利用方案下的地下水位变化。

模型的识别和验证主要遵循以下原则：①模拟的地下水流场要与实际地下水流场一致，即要求地下水计算等值线与实测等值线形状吻合；②模拟地下水的动态过程要与实测的动态过程基本吻合，即要求模拟与实际地下水位过程线形状相似；③从均衡的角度出发，模拟的地下水均衡变化与实际基本相符；④识别的水文地质参数要符合实际水文地质条件。根据不同参数分区的含水层特征不断调整水文地质参数，可获得符合研究区的水文地质参数，即渗透系数、给水度或弹性储水率、孔隙度、纵横向弥散度。识别后的含水层水文地质参数见表 9-5 和表 9-6。

表 9 - 5 第 1 含水层水文地质参数

	分区号	渗透系数 K （$\times 10^{-4}$m/s）	给水度 μ	纵向弥散度 α_L （m）	横向弥散度 α_T （m）
	0	6.00	0.16	13.50	1.35
	1	14.99	0.18	9.90	0.99
	2	8.91	0.18	11.70	1.17
	3	7.94	0.17	11.79	1.18
	4	10.13	0.15	12.60	1.26
	5	11.75	0.15	8.10	0.82
	6	5.80	0.18	12.15	1.22
	7	12.15	0.19	7.20	0.72
	8	9.83	0.16	7.38	0.74
	9	12.31	0.19	14.67	1.47
	10	11.61	0.17	9.90	0.99
	11	13.77	0.15	8.64	0.86
第1含水层	12	6.69	0.18	6.12	0.61
	13	14.58	0.18	9.00	0.90
	14	13.18	0.13	12.87	1.26
	15	14.90	0.14	11.07	0.11
	16	13.77	0.16	8.10	0.81
	17	12.15	0.15	16.20	1.62
	18	16.20	0.17	12.15	1.22
	19	14.09	0.17	12.87	1.29
	20	17.01	0.18	13.68	1.37
	21	15.80	0.17	11.70	1.21
	22	17.82	0.19	14.40	1.44
	23	18.79	0.20	13.68	1.37
	24	20.25	0.19	15.30	1.53
	25	19.85	0.21	16.20	1.62
	26	18.69	0.22	12.78	1.28
	27	18.13	0.23	12.15	1.22

在 3 个含水岩组中，均衡项的分配为：第 1 含水岩组补给方式主要为侧向流入补给，排泄方式为农业灌溉和部分农村生活用水；第 2 含水岩组补给方式主要为侧向流入，开采方式以农业灌溉、工业用水、农村生活用水为主；第 3 含水岩组补给的主要方式为接受侧向补给，排泄方式为城镇生活用水。

根据模型识别和验证结果，可绘制不同层位各观测孔水位拟合及验证曲线（图 9 - 16）以及各含水层水位等值线拟合图（图 9 - 17 与图 9 - 18）。

表 9 - 6　　　　　　　　　　　　第 3 含水层水文地质参数

	分区号	渗透系数 K （$\times 10^{-4}$ m/s）	弹性储水率 S（$\times 10^{-4}$ /m）	纵向弥散度 α_L（m）	横向弥散度 α_T（m）
	0	2.40	11.5	3.00	0.30
	1	2.41	12.7	2.20	0.22
	2	2.29	11	2.60	0.26
	3	1.97	7.5	2.62	0.26
	4	2.48	14.3	2.80	0.28
	5	2.97	12	1.80	0.18
	6	2.36	12.5	2.70	0.27
	7	2.68	8.75	1.60	0.16
	8	3.04	9	1.64	0.16
	9	3.06	16.5	3.26	0.33
	10	3.33	18	2.24	0.22
	11	3.49	10	1.92	0.19
第 3 含水层	12	2.75	16	1.36	0.14
	13	3.63	11	2.00	0.20
	14	2.53	1.25	2.80	0.03
	15	3.65	8.75	2.46	0.02
	16	3.49	14	1.80	0.18
	17	3.09	11	3.60	0.36
	18	3.45	16	2.10	0.21
	19	2.67	15	3.20	0.32
	20	0.77	7.71	1.56	0.16
	21	0.92	7.79	1.45	0.15
	22	0.73	10.1	1.38	0.14
	23	0.83	10.6	2.54	0.25
	24	0.94	8.1	2.30	0.23
	25	0.95	9.96	2.56	0.26
	26	1.03	8.41	1.70	0.17
	27	0.75	5.27	1.65	0.16

9.2.8　地下水水位预报

1. 现状开采条件下的地下水水位变化趋势

现状开采条件下的数值模拟预测是在前面建立的地下水数值模拟模型的基础上进行的，但需要对定解条件和源汇项重新进行界定。本研究根据 1999～2010 年水文气象观测资料进行预测，整体来看，这 10 年间降水量偏枯。一定程度上反映未来气候变化趋势，据此预测未来水资源变化趋势具有一定的代表性。

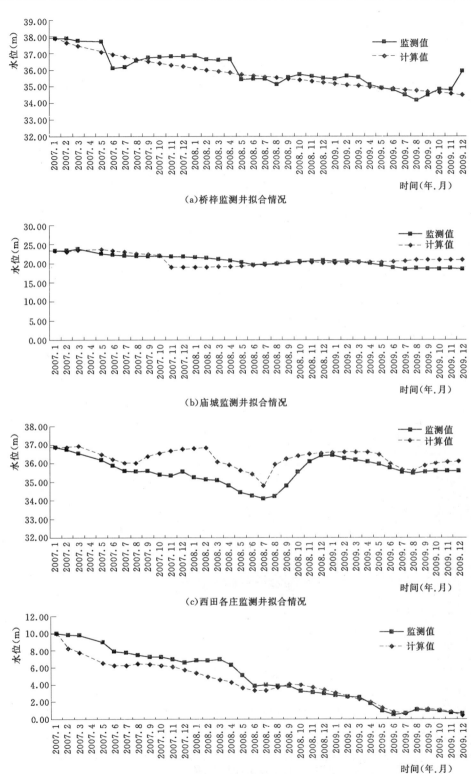

(a)桥梓监测井拟合情况

(b)庙城监测井拟合情况

(c)西田各庄监测井拟合情况

(d)木林监测井拟合情况

图 9-16（一）　部分监测井地下水拟合及验证曲线

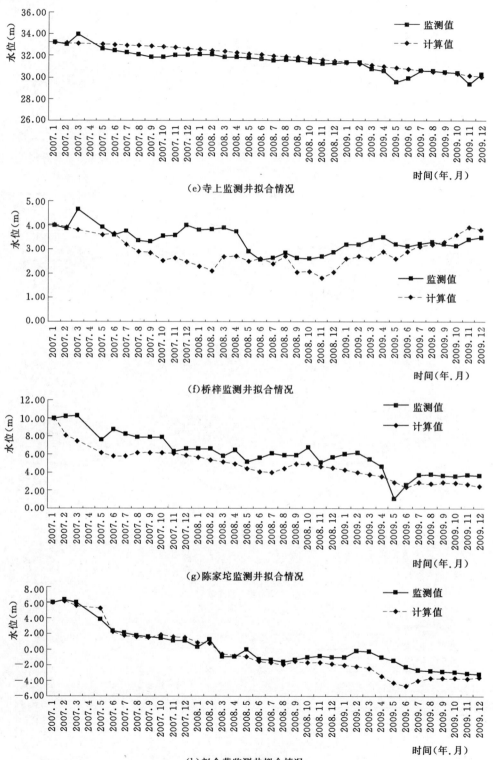

(e)寺上监测井拟合情况

(f)桥梓监测井拟合情况

(g)陈家坨监测井拟合情况

(h)赵全营监测井拟合情况

图 9-16（二） 部分监测井地下水拟合及验证曲线

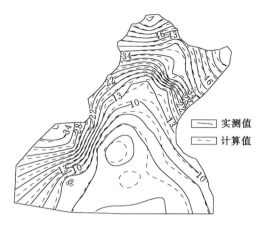

图 9-17　浅层含水层水位等值线拟合图

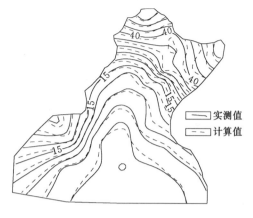

图 9-18　深层承压水水位等值线拟合图

利用前面建立的地下水流数值模型，在平均水文、气象及现状开采量条件下，预测 2010～2019 年的地下水位变化。

根据前述，因地下水超采，研究区地下水资源处于负均衡状态，现状开采条件下，潜水水位不断降低，研究区南部水源地更为明显。预测潜水水位平均下降 13.5m。到 2019 年，北部西田各庄监测井地下水位下降 8m，平均每年下降 0.8m。2013 年最先在开采量较大的第八水厂水源地附近出现较大面积的疏干，继而在范各庄、小胡营、北小营、北太平庄等地陆续出现疏干现象，如图 9-19 所示。

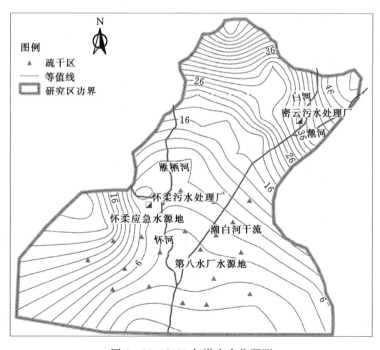

图 9-19　2019 年潜水水位预测

129

在预测时段，承压水水位北部变化较小，南部变化较大。承压水在北部平均下降3.2m，在南部下降7.5m。在大量潜水、承压水混合开采水井的作用下，天然状态的承压水和潜水含水层之间的区域隔水层正失去隔水功能，承压水和潜水在区内的许多地段已融为一体。承压水的水力属性由于水位下降正在逐渐改变，如图9-20所示。

图 9-20　2019年浅层承压水预测

2. 南水北调来水后地下水位变化趋势

根据南水北调来水后水资源调度的原则和水资源可持续开发原则，提出在严重超采区停止和限制开采地下水的方案，达到蓄养地下水资源，保护生态环境的目的。根据这一原则，结合研究区实际情况，模拟怀柔应急水源地与第八水厂水源地停采情景下，研究区的地下水位变化情况。

由于怀柔应急水源地与第八水厂水源地停采，研究区多年平均地下水开采与补给基本平衡。在地下水流场的作用下，潜水含水层北部地下水位将有小幅下降，第八水厂水源地水位将上升，幅度为0.3～8.0m，如图9-21所示。

同样如果怀柔应急水源地与第八水厂水源地停采。在地下水流场的作用下，浅层承压含水层北部地下水位将有小幅下降，第八水厂水源地水位将上升，幅度为1.2～4.5m，如图9-22所示。

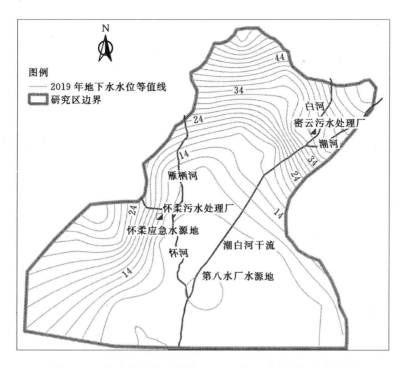

图 9 - 21 南水北调来水条件下 2019 年地下水潜水水位预测

图 9 - 22 南水北调来水后 2019 年浅层承压水水位预测

9.3 地下水 Cl⁻ 运移数值模拟模型

Cl⁻ 的数值模拟主要考虑了氯离子的对流、弥散作用。氯离子运移的数学模型为

$$\begin{cases} \dfrac{\partial}{\partial x_i}\left(D_{ij}\dfrac{\partial C}{\partial x_j}\right) - V_i\dfrac{\partial C}{\partial x_j} + \dfrac{WC_w}{Mn} - \dfrac{pC}{Mn}\delta(x-x_i, y-y_i, z-z_i) = \dfrac{\partial C}{\partial t} \\ C(x,y,z)\big|_{t=0} = C_0(x,y,z) \\ C(x,y,z,t)\big|_\Gamma = C_1(x,y,z,t) \quad (x,y,z)\in\Gamma \quad t>0 \end{cases} \tag{9-6}$$

式中：C 为浓度，mg/L；D_{ij} 为弥散系数，m^2/d；V_i 为地下水流速，m/d；C_w 为越流或降雨、农业回归入渗水的浓度，mg/L；n 为孔隙度；δ 为狄拉克函数；C_0 为初始浓度，mg/L；C_1 为边界浓度，mg/L。

9.3.1 均衡项要素计算

研究区离子主要均衡要素包括钙、镁侧向通量、河渠及湖泊入渗补给、通过大气降雨入渗补给、灌溉回归、垃圾填埋淋滤补给、管网入渗、潜水蒸发、地下水开采等。计算方法为 $M=QC$（M 为 Cl⁻ 溶质通量，Q 为总水量，C 为 Cl⁻ 浓度）。

（1）Cl⁻ 侧向通量。主要考虑研究区的流入边界，Cl⁻ 浓度与所在边界的浓度本底值一致，Cl⁻ 浓度为 10～20mg/L 之间。

（2）河渠及湖泊入渗补给。计算的河渠湖泊和水量模型一致，浓度值采用实测浓度。各河渠湖泊入渗浓度见表 9-7。

表 9-7　　　　　　　　研究区河流及河渠 Cl⁻ 入渗浓度　　　　　　　　单位：mg/L

密云再生水厂	怀柔再生水厂	向阳闸	白河上游
174	163	20	18.5

（3）通过大气降雨入渗补给。大气降雨中的 Cl⁻ 含量极小，可以忽略。

（4）灌溉回归。在研究区的其他地区都存在灌溉回归补给，研究区主要采用地下水进行灌溉。污灌区 Cl⁻ 浓度为地下水监测井的实测数据。

（5）潜水蒸发。研究区不存在潜水蒸发量，因此也不存在溶质浓缩作用。

（6）地下水开采。各均衡区地下水开采的 Cl⁻ 浓度采用地下水监测井的实测数据。

9.3.2 定解条件处理

初始条件，模拟区的潜水含水层和承压含水层的初始浓度场由 2007 年 4 月统测的地下水 Cl⁻ 等值线图，按照内插法和外推法得到各单元浓度。初始浓度场如图 9-23 所示。根据浅层与深层地下水水质资料分析可知，目前再生水未对深层地下水水质产生显著影响，因此本研究主要针对潜水与浅层含水层进行水质模拟研究。

9.3.3 模型的识别与验证

1. 模拟期的选择

由于历史资料的限制，本研究收集到的研究区地下水水质数据监测频率是 2 次/年，因此模拟期选择与水量模型一致，只对 2007 年 4 月、2007 年 9 月、2008 年 4 月、2008

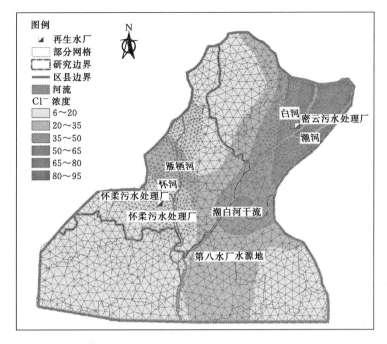

图 9-23 研究区潜水 Cl⁻ 初始浓度场（2007 年 4 月）

年 9 月、2009 年 4 月、2009 年 9 月 6 个时段的地下水水质数据进行参数率定。

2. 水质识别及验证曲线

经模型识别和验证，可绘制出各观测孔 Cl⁻ 浓度变化的拟合及验证曲线，如图 9-24 所示。

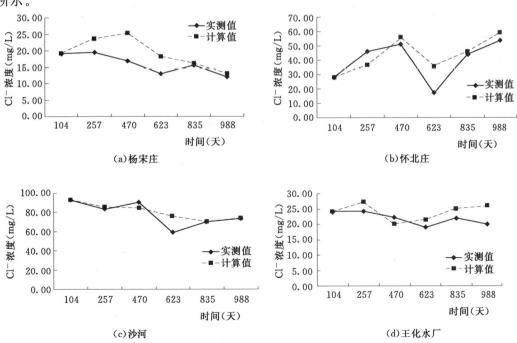

图 9-24（一） 监测井 Cl⁻ 浓度拟合及验证曲线

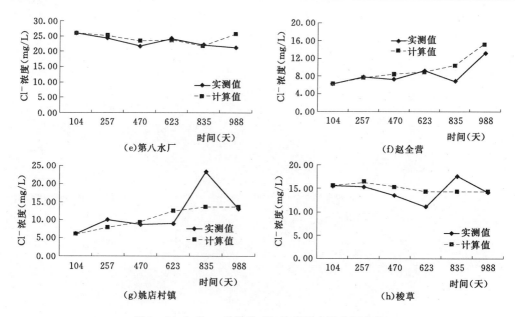

图 9-24（二）　监测井 Cl⁻ 浓度拟合及验证曲线

3. 模型参数

运移的主要模型参数为弥散度 α。通过室内试验和相关资料，并参照研究区水文地质条件，确定含水层介质的弥散度。参数拟合结果如表 9-5～表 9-6 所示。

从拟合及验证曲线可以看出，各观测孔 Cl⁻ 浓度变化曲线拟合较好，且计算值能较好地反映观测井 Cl⁻ 浓度变化的趋势，这进一步表明构建的地下水渗流与溶质运移相耦合的三维模型符合研究区的实际情况，可利用该模型预测地下水水位及水质的长期变化，以反映出河道受水对不同层位含水层的影响。

9.3.4　地下水 Cl⁻ 变化趋势

经模型预测，在现状条件下，平头监测井在 2017 年后 Cl⁻ 浓度上升，这表明在 2017 年后再生水对平头区域产生一定的影响。从第八水厂水源地浅层承压水含水层 Cl⁻ 浓度变化可以看出，Cl⁻ 浓度变化较为平稳，呈轻微下降趋势，这表明第八水厂水源地受到再生水入渗补给影响很小，如图 9-25 所示。

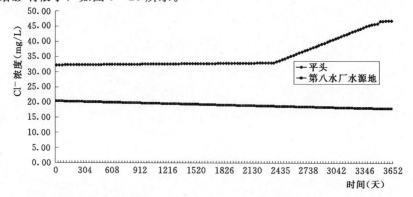

图 9-25　平头与第八水厂水源地监测井 Cl⁻ 预测浓度历时变化

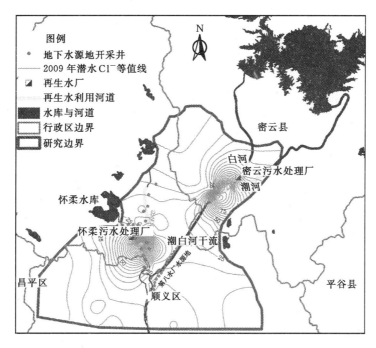

图 9-26　2009 年潜水 Cl⁻ 等值线图

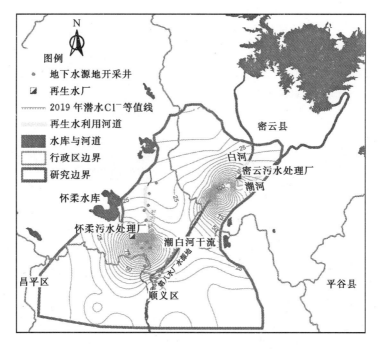

图 9-27　2019 年潜水 Cl⁻ 等值线图

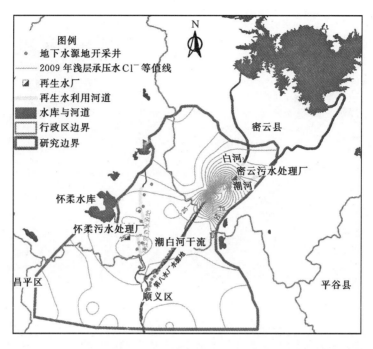

图 9-28 2009 年浅层承压水 Cl⁻等值线图

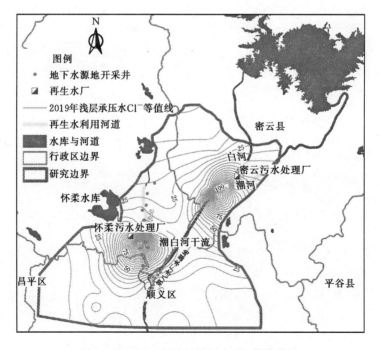

图 9-29 2019 年浅层承压水 Cl⁻等值线图

　　根据模型预测的不同含水层层位的 Cl⁻浓度分布，可绘制出 10 年后不同层位的 Cl⁻浓度等值线图（图 9-27 与图 9-29），并与 2009 年末各层 Cl⁻浓度等值线图（图 9-26

与图 9-28）进行对比。通过对比可看出：①密云再生水厂附近再生水影响潜水和承压水的范围和趋势基本一样，这是因为在该地区潜水与浅层承压水实质上就是同一含水层；②2019 年再生水入渗对第八水厂水源地影响极小，但对怀柔应急水源地浅层承压水产生一定的影响；③从 Cl⁻ 浓度高于 50mg/L 的等值线范围可以看出，河道受水后在水平方向上的影响范围主要位于再生水入渗河道的两侧，但影响范围较 2009 年底有所扩大。

第10章　区域水源地预警体系研究

建立水源地安全预警体系是保证再生水安全利用的重要手段，因此，预警机制是再生水利用保障体系中极为重要的组成部分，它对于发现再生水利用对水源地的安全风险，减少再生水利用过程中的各种不安全因素，进而保障地下水资源具有重要的意义。

10.1　国内外研究现状

预警的概念最早应用于军事领域的雷达技术及导弹防御系统，近年来预警思想已在洪水预报、农业经济、气象、饥荒、疾病、地质灾害、环境等方面得到广泛应用。最早的预警研究主要针对突发灾害，且主要应用于自然科学中，人们熟知的地震预报预警和气象预报预警就是成功的范例。随着预警理论及方法的逐渐成熟和发展，以及计算机技术的迅速发展，其在世界各国各领域得到了更为广泛的应用。

10.1.1　国外研究现状

目前在国外预警的理论及方法除了应用在经济领域外，还比较广泛地应用在农业、气象、饥荒、疾病、海平原上升，环境监测及环境工程地质等方面。自20世纪70年代以来，随着突发性水环境污染事故的增加，水质预警预报方法的研究得到了广泛重视，并且发挥了巨大的社会、经济效益，其中莱茵河流域水污染预警系统和多瑙河流域水污染预警系统在区域水污染控制中发挥了重要作用。目前已经从单纯的物理和化学指标发展到利用微生物指标来预警。一些在20世纪五六十年代严重污染的河流，如芝加哥河、泰晤士河、鲁尔河、俄亥俄河、密西西比河等利用水污染预警系统使水体有了根本性的好转。因此，近年来区域水污染预警系统备受关注。

水污染预警系统主要应用于水源地和饮用水质的监测与预报，其核心技术是采用传感器和生物进行水质动态实时监测，实现水质监测自动化、网络化。例如：美陆军环境卫生研究中心利用兰腮鱼开发了美生物监测饮用水预警系统，与传统的探测装置不同，这套系统不只能探测出某一种特定化学物，而且能迅速探测出从氯到氰化物等多种有毒化合物和农药等，因为这些化合物都会使鱼的生存指标发生变化。目前在美国、德国、日本、澳大利亚都有技术成熟的在线水质自动监测系统，水质污染自动监测系统（WPMS）是一套以在线自动分析仪器为核心，运用现代传感器技术、自动测量技术、自动控制技术、计算机应用技术以及相关的专用分析软件和通信网络所组成的一个综合性的在线自动监测体系。WPMS可尽早发现水质的异常变化，为防止下游水质污染迅速做出预警预报，及时追踪污染源，从而为管理决策服务。实时监测预警的基本原则是保证提供从监测系统探测到污染物至污染物到达保护区的有效时间间隔，从而实现对污染事件的快速响应。对于水质的实时监测预警主要用于河流，因为河流的水质变化较快，而较少应用于地下水。

地下水污染脆弱性与风险性评价与区划是区域地下水资源保护的重要手段。20 世纪 90 年代以来，针对广泛存在的难以治理与恢复的面源污染问题所开展的地下水污染脆弱性评价在实践中不断深化。从早期的仅考虑自然属性条件（包括地质、土壤、气象、水文等方面的因素），到后来考虑有关污染物和其他人类活动因素（如污染物特征、污染源及相关活动、除草剂、杀虫剂及硝酸盐等农业化学品的施用等情况）的特殊脆弱性评价。有些研究将这种考虑人类土地利用活动影响因素（造成不同程度的污染强度）的脆弱性评价又称为地下水污染的风险评价，并将评价成果直接应用于水源保护和土地利用规划之中。典型案例研究包括以色列的 Martin L. Collin 等的地下水污染风险评价与编图的理论研究和实践探讨，英国的 Secundas 等的地下水污染风险评价与编图的理论研究和实践探讨。

分析世界上许多国家对地下水水质的保护项目发现，一方面是通过地下水脆弱性与污染风险性评价，研究土地利用活动和地下水污染之间的关系，识别出地下水易于污染的高风险区，为土地利用规划及地下水资源管理提供一个强有力的工具，从而帮助决策者和管理者制定有效的地下水保护管理战略和措施。为此，美国、加拿大、澳大利亚和欧洲一些国家，十分重视地下水脆弱性和风险评价与填图工作。另一方面是通过建立水源地保护区（WHPA），致力于供水井的保护，对重要水源地进行实时监测预警。例如荷兰在自动监测技术方面，研制出了先进的微型"Diver"地下水自动监测传感器，对水位水质进行自动监测，重要地段进行实时监测。

10.1.2　国内研究现状

20 世纪 80 年代中期，我国逐渐开始进行经济预警研究，近年来预警应急系统在洪水、气象、地震、海啸、农业等方面广泛应用。对环境预警的研究，最早始于 20 世纪 90 年代末，其中具有代表性的是陈国阶等对环境预警的研究与应用，并提出了状态预警和趋势预警的概念。此外在灾害预警方面，刘传正等对地质灾害的预警体系做了深入的研究。目前，国内在环境预警和地质灾害预警方面，已经形成了比较成熟的原理和方法。洪灾发生的区域预警、警报研究已走在前面；地震科学预警或预报成功的例子虽然尚少，但已建立了比较完善的观测体系和信息系统。大连建立了重大污染事故区域预警系统，发生事故时，该系统可迅速在给定的气象水文条件下预测污染物在不同时间的扩散浓度、范围、污染等级，提供应急措施和最佳救援方案，为抢险救援赢得时间，最大限度减少损失。环境安全预警系统的研究多集中在大气和水环境安全预警领域，主要表现在监测、预测预警方法和网络体系建设三方面。首先，许多地区都已建立起大气和水环境污染监测网络，能对常规污染指标进行监测预警；在预测预警方法研究中，大气污染预警预报技术相对领先，已形成了由统计预报和数值预报组成的，有短期预报、中长期预报和长期预报三个层次的预警预报体系；在预警网络系统建设方面，网络与 GIS 结合形成的 WebGIS 是 GIS 发展的必然趋势，特别是 WebService 技术与 GIS 的融合，诞生了面向服务的新一代 WebGIS 体系框架，为预警信息的共享发布和预警预报研究提供了有效的开放式交互平台。

对于水质预警，李秉文等论述了辽河流域水质预警预报系统建设的必要性和已经具备的条件，提出了辽河流域水质预警预报系统结构设计方案；魏文达、董志颖等对水质预警理论和江河水质预警系统建设模式进行了探讨；冉圣宏等分析了区域水环境污染预警系统的目的、结构、子系统的耦合以及预警系统面临的困难；武汉大学对汉江水质预警系统进行了研究，汉江水质预警系统具备对汉江水质实时监控、水污染事故应急响应、水资源优化调度和水环境综合管理等功能；我国已经在桂江、汉江、辽河、黄河、长江三峡库区等建成了水质预警系统。赵勇胜等于 2000 年首次在长江三峡库区等建成了水质预警系统。赵勇胜等于 2000 年首次提出了地下水预警的概念，建立了以 GIS 为核心技术的地下水预警信息系统。杨建强、董志颖等借助于 GIS 进行了吉林西部水质预警研究。李宏卿等对长春城区地下水污染进行了模拟和预警。

但是，国内外对地下水污染预警的研究，大多是通过对水质监测数据的评价与预测，确定警度，而没有考虑污染源、水文地质条件等因素。另外，基于地下水污染风险评价的地下水污染预警未见报道。

10.2　水源地水质预警建设

水源地水质预警体系应该至少包括监测指标、地下水监测网、预警警度。预警从时空变化来讲，应分为状态预警和预测预警两个方面。

10.2.1　状态预警

状态预警是对整个研究区内的地下水水质所处的状态给出恰当的评价，强调的是空间概念，是指在某一特定时间，地下水水质在区域空间上的分布变化情况，又称空间预警。地下水污染空间预警的基本程序是收集地下水系统的警情数据、水环境背景值数据、系统要素数据、污染历史数据和含水层背景数据，建立水质污染背景数据库，辨识警兆，由 GIS、水质评价的时空分析，判断水质等级、污染强度、污染范围、污染历时、污染发生地点、范围、污染机理等，然后发布预报，最终达到预防地下水污染的目的。

1. 预警指标

根据水质分析与评价规律，选择 NO_3-N、NH_3-N、总硬度、NO_2-N 作为状态预警指标。

2. 预警警度

通过监测研究区的地下水水质，进行地下水水质评价，进而根据表 10-1 进行地下水水质状态预警，然后通过建立 Cl^- 和"三氮"转换的地下水溶质运移模型来对地下水水质进行预测预警。状态预警主要是从单指标和综合指标两方面来考虑，而对于预测预警，重点考虑特征指标 Cl^- 与 NO_3^-。具体的精度可根据警限的划分标准来确定。根据《中华人民共和国地下水质量标准》（GB/T 14848—93），可以确定每一种指标的警级对应着水质标准中的 5 个水质分类。

表 10-1　　　　　　　　　　　地 下 水 水 质 预 警 表

水质分类	Ⅰ类水	Ⅱ类水	Ⅲ类水	Ⅳ类水	Ⅴ类水
预警状态描述	理想状态	良好状态	一般状态	较差状态	恶劣状态
预警警级	无警	轻警	中警	重警	巨警
颜色	蓝色	绿色	黄色	淡红	深红

3. 状态预警成果

NO₃—N 预警和综合指标预警如图 10 - 1、图 10 - 2 所示。

NO_3—N 预警和综合指标预警如图 10 - 1、图 10 - 2 所示。

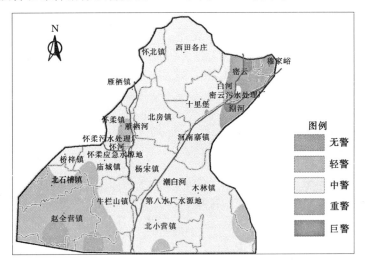

图 10 - 1　NO_3—N 预警

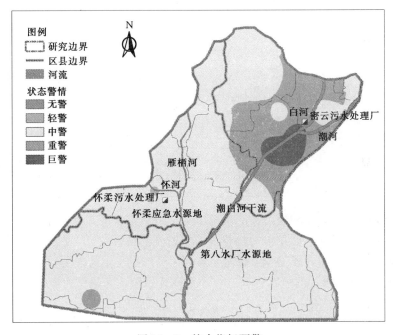

图 10 - 2　综合指标预警

10.2.2　预测预警

　　预测预警，是指地下水水质随时间的动态变化及演化情况，又称趋势预警。一般是在空间预警的基础上，对水质演化过程、变化趋势做出预警，即对虽未达到恶化或危害程度，但在不采取措施的情况下，会开始向恶化或退化方向变化的水质做出预警。趋势预警考虑的因素较多，不仅要考虑某一地区的地下水在各年的水质预警状态，而且要考虑地下水水质在时间上的变化。本研究采取 FEFLOW 模型对其特征离子进行模拟预测。

由于密云与怀柔再生水利用区不仅分布着北京市重要的怀柔应急水源地和水源八厂水源地，而且还分布着很多当地的居民水源地。再生水入渗必然会对地下水产生影响，因此一方面要长期检测地下水环境监测井的水质，密切关注其变化，另一方面，要借助构建的地下水渗流及溶质运移数值模拟模型预测水环境变化，以达到预警之目的，便于政府管理部门及时决策，保护地下水水源地。

（1）预警井点的选择。在再生水入渗点与水源井之间选择或者开凿监测井作为预警井点，主要根据地下水数值模拟模型离子追踪的距离来确定。根据研究区构建的数值模型，初步确定在与水源地监测井距离 500m、1500m、2500m 处设置 3 个监测点，每个监测点需根据地层情况设置不同深度的监测井。

（2）预警指标。根据再生水水质与地下水背景水质的差异性以及各组分的化学性质，选取最稳定、最易于迁移的 Cl^- 作为预警指标，能够更好地反映地下水水质受再生水的影响程度。如果一旦发现 Cl^- 持续升高（达到 35mg/L 以上）现象，应立即启动再生水其他特征指标的监测程序。特征指标见表 10 - 2。

表 10 - 2　　　　　　　　　　特　征　指　标　表

特征指标分类	A 类	B 类	C 类
指标特点	在密云与怀柔再生水中监测的有毒有害且不易分解组分	在密云与怀柔再生水中监测的有毒有害易分解组分	在密云与怀柔再生水中与地下水背景水质具有显著差异的、但不具有毒理性的组分
指标名称	DMP、DEP、DEHP、DnOP、β-六六六、γ-六六六、4，4'-DDE、4，4'-DDD、七氯、艾氏剂、蒽、荧蒽、芘、屈、苯并（α）蒽	四氯化碳、二氯甲烷（5）、三氯甲烷、四氯乙烯、1，2-二氯乙烷、1，2-二溴-3-氯丙烷（0.2）、1，2，4-三氯苯、1，2-二氯丙烷（5）、NO_2-N、NH_3-N	钠、钾、钙、镁、氯、硫酸根离子、重碳酸根离子、总硬度、溶解性总固体
预警级别	Ⅰ 级	Ⅱ 级	Ⅲ 级

（3）预警级别。在实测和模型预测情况下，当近河道预警井点 Cl^- 浓度突然上升且此后未明显降低或连续三次呈明显上升趋势；当河道外围预警点 Cl^- 浓度连续三次呈明显的上升趋势，则开始预警。在模型预测情况下，当 Cl^- 浓度呈上升趋势时，则开始预警。预警级别根据表 10 - 3、表 10 - 4 综合确定，即是说选择级别高的作为该次预警的级别。

表 10 - 3　　　　　　　　Cl^- 升高预测预警级别表

预 警 级 别	Ⅰ 级	Ⅱ 级	Ⅲ 级
Cl^- 浓度呈现连续升高的趋势——水源井距离	500m	1000m	2500m

表 10 - 4　　　　　　　　指标监测预警级别表

特征指标分类	A 类	B 类	C 类
预警级别	Ⅰ 级	Ⅱ 级	Ⅲ 级

第 11 章　再生水用于河道景观的水质标准研究

我国目前已颁布《城市污水再生利用　景观环境用水水质》。但它存在以下问题：①不适用于大规模利用再生水作为河道景观用水；②对于水生动、植物的安全及污染物在土壤中迁移累积问题未做重点考虑；③未考虑在水源区再生水作为景观用水，最终有部分再生水入渗回灌地下水，影响地下水环境，从而引起饮用水安全问题。

11.1　再生水用于河道景观水质标准研究的范围与准则

再生水可能产生一系列问题，尤其对人体健康产生危害。目前北京市急需制定一个既方便又有质量保障再生水水质标准用于河道景观。再生水用于景观环境的水质标准，不仅要考虑对人体健康的危害和对水生态安全的危害，还需考虑微量有害物质在土壤中的累积、迁移转换规律。因此，再生水用于景观环境用水的水质标准研究的主要目的有两个：一方面保证研究区人体健康与水生生物的安全，另一方面保障再生水最终入渗补给地下水的饮用水安全。

11.2　水质控制指标选择

由于城市污水来源的广泛性和复杂性，回用水中既有城市工业废水和生活污水，又有过程降解的中间体，同时还存在未完全去除的病原微生物。虽然经过各种工艺处理，但在水处理过程中并不能完全消除有机和无机污染物。因此再生水中污染物种类及其毒性特征十分复杂，常规指标不能真实反映水质污染情况。

在研究再生水作为河道景观用水的水质标准的过程中，水质指标的选择是非常重要的环节。由于技术和经济条件的限制，不能对每一种污染物都制定标准，而只能针对性地从中选择出一些重点污染物予以控制。因此，需要根据研究区的实际情况给定选择水质指标的原则：

（1）反映北京市再生水水质特征的代表性指标。研究采用"北京市重大科技攻关项目——北京市再生水灌溉利用示范研究"对再生水水质规律分析的研究成果，结合本次研究监测的成果综合分析北京市再生水水质代表性指标。

（2）表征具有长期毒性的物质。

（3）参考目前国内外现有再生水用于河道景观的标准及饮用水标准。

11.3　水质指标限值标准的确定原则

在提出再生水用于河道景观水质指标的标准限值时，有以下几个原则需要考虑。

11.3.1　人体健康与水生生物安全

再生水回用于景观水体，要严格考虑再生水中存在污染物和病原体对水体美学价值和人体健康的危害。作为景观水体，首先要求在感观上给人体舒适的感觉，即要求水体清澈，透明度高，不出现浑浊、黑臭以及富营养化现象，一旦景观水体发生富营养化，使得水体透明度下降、浑浊，会使观光价值大减，甚至丧失观赏功能。其次就是景观水体对人体健康的影响，尤其在水源区大规模利用再生水作为景观用水，还存在再生水涵养地下水功能。因此，还应关注再生水自然入渗回灌对人体健康的影响，即水质标准的确定应基于人体健康风险评价，在人体能接受的风险范围内，以确保人体无健康风险。

综上所述，对于大规模城市景观用水，需要满足的水质标准：①满足卫生学的水质要求，防止病源微生物对人体健康的危害；②COD$_{cr}$、BOD$_5$、SS、色度和感观指标，防止水体发生黑臭及影响美学效果；③要控制 N、P 等可导致水体富营养化指标；④要控制底质对水质的影响；⑤考虑再生水最终入渗补给地下水，引起地下水安全问题。

11.3.2　参考相关水质标准

再生水大规模用于水源区河道景观水体的标准是一个具有多目标的标准体系，我国目前尚未明确提出，但仍然有相关的水质标准可以借鉴。在遵循技术可行，经济允许，不产生附加的环境和健康风险的条件下，借鉴国内外比较成熟的水质标准，有利于提高新标准的可靠性。

11.3.3　分析水质在土壤中的累积、迁移转换规律

再生水的主要水源是城市污水。城市污水中除含有常规污染物，重金属和溶解性盐类，还含有各种难于降解的有机物，致病菌和某些寄生虫卵。这些杂质可以采用再生水处理工艺，使其达到相应的水质标准。但某些指标，因土壤中会累积而导致该项指标超标。因此，在标准建议研究时，对这类研究物质主要通过查阅大量的文献进行重点分析。

11.4　再生水作为水源区景观用水水质指标的综合确定

以上从人体健康和水生物安全（有相关参数的进行了风险分析，没有参数的主要查阅相关水质基准，参数和水质基准均没有的参考相关标准）、分析典型污染物在土壤中的累积角度分别提出利用再生水作为水源区景观用水水质的要求，并参考目前已有的水质标准，最终研究确定再生水用作水源区景观用水的水质指标，见表 11-1。

单位：mg

表 11-1　再生水用于河道景观水质标准

指标	GB 5749—2006《生活饮用水卫生标准》	GB/T 18921—2002《城市污水再生利用 景观环境用水水质》	GB/T 19772—2005《城市污水再生利用 地下水回灌水质》	美国饮用水水质标准	健　康　危　害	在土壤中的迁移性	标准建议	是否必须考虑
贾第虫	<1	无此项	无此项	0	贾第虫病、肠胃病	弱	0	强制
军团菌	无此项	无此项	无此项	0	军团菌病、肺炎	弱	不得检出	强制
病毒	无此项	无此项	无此项	0	肠胃疾病	弱	0.006	强制
总大肠杆菌（包括粪类类型及区氏大肠）	不得检出	不得检出	地表回灌1000，井灌3	0	用于指示其他潜在有害菌的存在	弱	不得检出	强制
隐孢子虫	<1	无此项	无此项	无此项	引起的人兽共患寄生虫病，临床以发热、腹痛、腹泻、腹泻等轻重症状为主要症状，大多数患者病程短暂而能自愈。该虫可感染大多数患者的消化道与呼吸道上皮细胞，并在其中繁殖，引起消化道、胆道或呼吸道疾病	弱	<1	强制
砷	0.01	0.5	0.05	0.05	会导致色素脱失、皮肤刺激；造成皮肤损伤、致癌风险	弱	0.5	建议
镉	0.005	0.05	0.01	0.005	骨疼病	弱	0.05	建议
铬	0.05	0.5	0.05	0.1	肺癌、鼻中隔充血、溃疡以至穿孔，其他多种呼吸道并发症和皮肤病	弱	0.1	建议
铅	0.01	0.5	0.05	0	铅可与体内一系列蛋白质、酶和氨基酸内的官能团络合，干扰机体多方面的生化和生理活动	弱	0.05	建议
汞	0.001	0.01	0.001	0.002	急性中毒可以使人死亡，在人体中积累的慢性中毒，可以对人体造成不可恢复的疾病	弱	0.02	建议
硒	0.01	0.1	0.01	0.05	头发、指甲脱落，指甲或脚趾麻木，呼吸或血液循环问题	弱	0.05	建议
氰化物	0.05	0.5	0.05	0.2	神经系统损伤，甲状腺问题，呼吸衰竭	高	0.2	建议

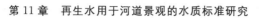
续表

指标	GB 5749—2006《生活饮用水卫生标准》	GB/T 18921—2002《城市污水再生利用景观环境用水水质》	GB/T 19772—2005《城市污水再生利用地下水回灌水质》	美国饮用水水质标准	健康危害	在土壤中的迁移性	标准建议	是否必须考虑
氟化物	1.0	无此项	1.0	4.0	对中枢神经系统及心肌有毒性作用，其中毒的病理变化有脑软化、胶质细胞增生、血管周围淋巴细胞浸润、心肌有显著浊血及出血，肝或肾有脂肪变性，同质水肿会使牙齿和骨胳脆弱钙化	高	5	建议
硝酸盐	10	15	15	10	诱发亚铁血红蛋白症以及可能形成致癌的亚硝胺	高	12	强制
NH$_3$—N	0.5	5	0.2	无此项	无明显毒性效应	弱	0.5	强制
硫化物	0.02	无此项	0.2	无此项	臭和味	高	0.2	推荐
钠	200	无此项	无此项	无此项	高血压潜在风险	中等	200	推荐
亚硝酸盐	无此项	无此项	0.02	1	"蓝婴儿综合症"	中等	1	强制
TP	无此项	0.5	1.0	无此项	间接影响人体健康	中等	1	强制
三氯甲烷	0.06	0.3	0.06	无此项	主要作用于中枢神经系统，具有麻醉作用，对心、肝、肾有损害	高	0.3	强制
四氯化碳	0.002	0.03	0.002	0	对人体可能致癌	中等	0.002	强制
溴酸盐	0.01	0.002			潜在致癌风险	稳定	0.01	推荐
甲醛	0.9（O$_3$消毒）		0.9		致突变性、致癌物	高	0.9	推荐
亚氯酸盐	0.7				可能会引起红血球细胞改变	高	0.7	强制
氯酸盐	0.7				可能会引起红血球细胞改变	高	0.7	强制
色度	15	30	15	无此项	使人产生厌恶感，或存在潜在污染物		20	推荐
浑浊度	1	5	5	无此项	令人不快或令人嫌恶		5	推荐
臭和味	无	可以有	无此项	无此项	令人不快或令人嫌恶，或存在不安全物质		0.3	推荐
肉眼可见物	无	无漂浮物	无此项	无此项	使人产生厌恶感和疑惧		无漂浮物	推荐
pH值	6.5~8.5	6~9	6.5~8.5	无此项	过高过低口感不适		6.5~8.5	强制

续表

指标	GB 5749—2006《生活饮用水卫生标准》	GB/T 18921—2002《城市污水再生利用 景观环境用水水质》	GB/T 19772—2005《城市污水再生利用 地下水回灌水质》	美国饮用水水质标准	健康危害	在土壤中的迁移性	标准建议	是否必须考虑
铝	0.2	无此项	无此项	无此项	无明确医学界定	弱	0.2	推荐
铁	0.3	无此项	0.3	无此项	沉淀和异味让人反感	弱	0.5	推荐
锰	0.1	2.0	0.1	无此项	人体感官不适	弱	0.1	推荐
铜	1.0	1.0	1.0	1.3	短期接触胃肠疼痛，长期接触肝肾损伤	弱	1.3	推荐
锌	1.0	2.0	1.0	无此项	刺激胃肠道和引起恶心	弱	2	推荐
氯化物	250	无此项	250	无此项	产生咸味，对配水系统具有腐蚀性	非常高	250	推荐
硫酸盐	250	无此项	250	无此项	腹泻	高	250	推荐
溶解性总固体	1000	无此项	1000	无此项	有异味，影响口感	高	1000	推荐
总硬度	450	无此项	450	无此项	腹胀腹泻等胃肠症状		450	强制
耗氧量	3	6	15	无此项	诱发消化道癌症	低	15	推荐
挥发酚类	0.002	苯酚 0.3	0.002	无此项	异臭味	低	0.002	推荐
阴离子合成洗涤剂	0.3	0.5	0.3	无此项	产生泡沫和味道		0.3	强制
总 α 放射性	0.5	无此项	0.1	15	致癌风险增加	弱	15	强制
总 β 放射性	1	无此项	1	4	致癌风险增加	弱	4	强制
镉	0.005	无此项	无此项	0.006	增加血液胆固醇，减少血液中葡萄糖含量		0.006	推荐
钡	0.7	无此项	1.0	2	血压升高		2	推荐
铍	0.002	0.001	0.0002	0.004	肠道损伤		0.005	推荐
硼	0.5	无此项	0.5	无此项	雄性生物生殖系统损伤		0.5	推荐
钼	0.07	无此项	无此项	无此项	无明显毒副作用		0.07	推荐
镍	0.02	0.5	0.05	无此项	湿疹等皮肤疾病		0.05	推荐
银	0.05	0.1	0.05	无此项	患银沉着病，使皮肤毛发脱色		0.05	推荐

续表

指标	GB 5749—2006《生活饮用水卫生标准》	GB/T 18921—2002《城市污水再生利用 景观环境用水水质》	GB/T 19772—2005《城市污水再生利用 地下水回灌水质》	美国饮用水水质标准	健康危害	在土壤中的迁移性	标准建议	是否必须考虑
铊	0.0001	无此项	无此项	0.0005	头发脱落，血液成分变化，对肾肠或肝有影响		0.0005	推荐
氯化氰	0.07	无此项	无此项	无此项	呼吸道刺激及呼吸系统疾病	非常高	0.07	推荐
一氯二溴甲烷	0.1	无此项	无此项	无此项	肝脏、生殖系统损伤，潜在致癌物	高	0.1	强制
三氯一溴甲烷	0.06	无此项	无此项	无此项	肝脏、肾脏损伤，影响生殖系统，致癌物	高	0.06	强制
三氯乙酸	0.05	无此项	无此项	无此项	肝癌，可能致畸物	高	0.05	强制
1,2-二氯乙烷	0.03	无此项	无此项	0	致癌风险增加	非常高	0.03	强制
三氯甲烷	0.02	无此项	无此项	0	肝发生问题，致癌风险增加	非常高	0.02	推荐
三卤甲烷	1	0.06	0.06	0.1	肝、神经系统，致癌风险出问题	稳定	1	推荐
1,1,1-三氯乙烷	2	无此项	无此项	0.003	肝、神经中枢循环系统出问题	非常高	0.1	推荐
三氯乙酸	0.1	0.5	0.009	无此项	肝、神经系统，可能致癌	稳定	0.1	推荐
三氯乙醛	0.01	无此项	无此项	无此项	致癌物，可能显毒性效应	高	0.02	推荐
2,4,6-三氯酚	0.2	0.6	0.2	无此项	致癌物	弱	0.2	推荐
三溴甲烷	0.1	无此项	无此项	无此项	肝组织疾病，致癌物		0.1	推荐
七氯	0.0004	无此项	0.0004	0	肝损伤，致癌风险增加		0.0004	强制
马拉硫磷	0.25	1.0	0.05	无此项	无明显毒性效应		0.2	推荐
五氯酚	0.009	0.5	0.009	0	肝、肾出问题，致癌风险增加		0.5	推荐
六六六	0.005	无此项	0.005	无此项	致癌物		0.005	强制
六氯苯	0.001	0.3	0.05	0	肝、肾出问题，致癌风险增加	低	0.05	强制
乐果	0.08	0.5	0.08	无此项	肝、肾出问题，影响生殖系统功能	低	0.08	推荐
对硫磷	0.003	0.05	0.003	无此项	皮肤刺激，低浓度健康风险不大		0.003	推荐
灭草松	0.3	无此项	无此项	无此项	剧毒物，致突变风险		0.3	推荐
甲基对硫磷	0.02	0.2	0.002	无此项	神经系统风险		0.2	推荐

续表

指标	GB 5749—2006 《生活饮用水卫生标准》	GB/T 18921—2002 《城市污水再生利用 景观环境用水水质》	GB/T 19772—2005 《城市污水再生利用 地下水回灌水质》	美国饮用水水质标准	健康危害	在土壤中的迁移性	标准建议值	是否必须考虑
百菌清	0.01	无此项	无此项	无此项	致突变、皮肤过敏		0.01	推荐
呋喃丹	0.007	无此项	无此项	0.04	血液及神经系统发生问题、再生殖困难		0.04	推荐
林丹	0.002	无此项	0.002	0.0002	肾、肝出问题		0.002	推荐
毒死蜱	0.03	无此项	无此项	无此项	神经系统风险		0.03	推荐
草甘膦	0.7	无此项	无此项	0.7	胃器官疾病、再生殖困难		0.7	推荐
敌敌畏	0.001	无此项	无此项	无此项	致癌物、引起白血病		0.001	推荐
莠去津	0.002	无此项	无此项	无此项	致癌风险大		0.002	推荐
滴滴涕	0.001	无此项	0.001	0.04	再生殖困难		0.04	推荐
乙苯	0.3	0.1	0.3	无此项	无明显毒性效应	低	0.3	强制
二甲苯	0.5	0.4	0.5	10	神经系统受损	低	10	强制
1,1-二氯乙烯	0.03	无此项	无此项	0.007	肝发生问题	中等	0.01	推荐
1,2-二氯乙烯	0.05	无此项	无此项	0.07	肝脏损伤	低	0.07	强制
1,2-二氯苯	1	1.0	1.0	0.6	肝、肾或循环系统发生问题	中等	1	推荐
1,4-二氯苯	0.3	0.4	0.3	0.075	贫血症、肝、肾或脾受损、血液变化	低	0.075	强制
三氯乙烯	0.07	0.3	0.07	0	肝脏出问题、致癌风险增加	中等	0.3	强制
三氯苯	0.02	无此项	无此项	0.07	肾上腺变化	低	0.02	推荐
六氯丁二烯	0.0006	无此项	无此项	无此项	肾脏癌症风险	弱	0.0006	推荐
丙烯酰胺	0.0005	无此项	无此项	0	神经系统及血液问题、增加致癌风险	中等	0.0005	推荐
四氯乙烯	0.04	0.1	0.04	0	肝问题	中等	0.04	强制
甲苯	0.7	0.1	0.7	1	神经系统、肾、肝出问题	中等	0.7	强制
邻苯二甲酸二(2-乙基己基)酯	0.008	0.1	0.008	0	再生繁殖困难、肝发生问题、致癌风险增加	高	0.008	强制

续表

指标	GB 5749—2006《生活饮用水卫生标准》	GB/T 18921—2002《城市污水再生利用 景观环境用水水质》	GB/T 19772—2005《城市污水再生利用 地下水回灌水质》	美国饮用水水质标准	健康危害	在土壤中的迁移性	标准建议	是否必须考虑
环氧氯丙烷	0.0004	无此项	无此项	无此项	主要毒性效应是局部炎症和中枢神经系统损伤。可能对人致癌物		0.0004	推荐
苯	0.01	0.1	0.01	0	致癌物质、损伤染色体	高	0.01	强制
苯乙烯	0.02	无此项	无此项	0.1	肝、肾、血液循环问题		0.1	推荐
苯并（a）芘	0.00001	无此项	0.00001	0	再生繁殖困难、增加致癌风险		0.00002	强制
氯乙烯	0.005	0.3	无此项	0	致癌风险		0.01	推荐
氯苯	0.3	0.3	0.3	0.1	肝、肾损伤		0.3	推荐
微囊藻毒素－LR	0.001	无此项	无此项	无此项	肝脏严重损伤、肾损害、肝癌风险大		0.001	推荐
动植物油	无此项	无此项	0.05	无此项	无明显毒理作用	非常高	0.1	推荐
石油类	无此项	无此项	0.05	无此项	潜在"三致"作用		0.05	强制
苯胺	无此项	0.5	0.1	无此项	引起高铁血红蛋白血症、溶血性贫血和肝、肾损害		0.1	推荐
丙烯腈	无此项	2.0	0.1	无此项	高毒物、潜在致癌物质、引起皮肤疾病	中等	0.1	推荐
硝基苯	无此项	2.0	0.017	无此项	损害肝脏和肾脏、形成高铁血红蛋白	稳定	0.017	推荐
丙烯醛	无此项	无此项	0.1	无此项	高毒物、潜在致癌、致突变、影响生殖	高	0.1	推荐
硝基氯苯	无此项	0.5	0.05	无此项	刺激粘膜和皮肤、肝肾损伤、引起高铁血红蛋白血症		0.5	推荐
草不绿				0	刺激性作用、低毒		0.5	推荐
阿特拉津				0.003	"三致"作用、刺激性	稳定	0.002	推荐
氯丹				0	影响人类免疫系统、潜在致癌性物质	稳定	0.3	强制
茅草枯				0.2	低毒、有刺激作用	中等	0.2	推荐
1, 2－二溴－3－氯丙烷				0	存在致癌和男性不育的危害、肾脏损伤		0.01	推荐

续表

指标	GB 5749—2006《生活饮用水卫生标准》	GB/T 18921—2002《城市污水再生利用 景观环境用水水质》	GB/T 19772—2005《城市污水再生利用 地下水回灌水质》	美国饮用水水质标准	健康危害	在土壤中的迁移性	标准建议	是否必须考虑
地环酚				0.007	剧毒、心脏衰竭、影响神经系统		0.008	推荐
二噁英				0	致癌物、致息物、损害人的免疫和生殖功能、干扰神经内分泌系统	弱	0.04	推荐
敌草快				0.02	肾脏损伤、对中枢神经系统有严重的毒害作用		0.03	推荐
草藻灭				0.1	致癌物、刺激作用		0.2	推荐
异狄氏剂				0.002	剧毒物、致癌物		0.005	强制
熏杀环				0	剧毒、刺激皮肤和黏膜、肺、肾损伤		0.4	推荐
二溴乙烯				0	刺激性、潜在致癌物		0.1	推荐
环氧七氯				0	刺激作用、潜在致癌物		0.5	推荐
六氯苯				0	损害肝脏、中枢神经系统和心血管系统、皮肤溃疡、潜在致癌物		0.3	推荐
六氧环戊二烯				0.05	实质性器官的脂肪性颗粒性变、引起血液系统病变		0.005	建议
草氨酰				0.2	急性剧毒		0.2	推荐
多氯联苯				0	致癌物、致畸变、肝脏急慢性损伤		0.20	推荐
莠去定				0.5	刺激消化系统和神经系统		0.1	推荐
西玛津				0.004	肾脏损伤、白血病增多		0.002	推荐
毒莠芬				0	致畸变、侵害神经系统和实质性器官	弱	0.002	推荐
2,4,5-涕丙酸				0.05	对眼睛、皮肤、黏膜和上呼吸道有刺激作用、吸入摄入中毒		0.05	推荐

第12章　再生水排入水源区河道的措施研究

12.1　北京市再生水入渗风险评价分区

为避免再生水入渗对地下水的污染，同时总结国内外再生水回灌相关经验，避免不合理再生水利用对地下水环境造成影响，确保再生水的安全利用，需对北京市不同区域再生水入渗补给地下水进行风险分区，为再生水利用与管理政策提供依据。

充分考虑北京市地下水资源功能分区、水文地质条件、包气带防护条件、环境容量与净化能力，把北京市平原区分为高风险区、中等风险区、低风险区。提出不同分区再生水入渗补给地下水的相关措施，如图12-1所示。

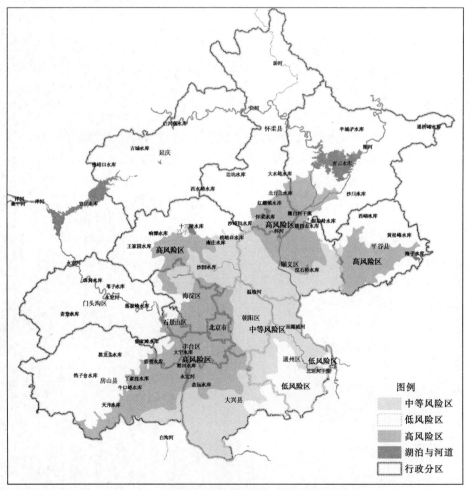

图12-1　再生水入渗对地下水环境风险分区图

（1）高风险区。位于山前平原区，该区地表入渗能力强，含水层渗透系数较大，不适宜再生水入渗补给。此区域原则上不允许再生水直接补给地下水，再生水用于河道景观必须对河道进行防渗处理。根据北京市再生水水质情况，该区应重点关注 TN、NO_3—N、三氯甲烷、四氯化碳、DEHP。

（2）中等风险区。此区域可以借鉴再生水注入地下前的深度处理及注入地点、注入技术等系列经验，优先开展再生水的地下水回灌试点，并对回灌地下水进行严格的质量控制与效果跟踪监测，确保不污染地下水环境。同时还可以将回灌与郊区生态建设结合起来，建设一部分湿地生态系统，边对再生水进行深度处理，边进行回灌。该区应重点关注 TN、NO_3—N、总硬度。再生水入渗区离集中供水厂、水源地至少 300m。

（3）低风险区。该区域鼓励使用深度处理的再生水进行入渗补给地下水。该区应重点关注 TN、NO_3—N。再生水入渗区离集中供水厂、水源地至少 150m。

12.2　再生水排入水源区河道的技术措施

12.2.1　再生水排入河道前的技术措施

通过"十一五"期间水专项课题的研究和实施，提出了污水处理工艺改造方案和运行调控策略，基本解决了再生水生产工艺的技术问题，为北京市高品质再生水的生产提供了技术保障。针对目前密云再生水厂与怀柔再生水厂进水与出水的组分分析。建议密云再生水厂曝气池之前增加缺氧池，在末端增加活性炭处理工艺。

12.2.2　再生水入河后水质保障措施

为了维持密云与怀柔再生水良好的景观功能，不仅要求密云再生水厂和怀柔再生水厂再生水水质满足要求，而且还要做好再生水入河后的维护管理工作，以保障河道的景观功能，如果水质发生水华再进行治理，代价要昂贵得多。再生水入河以后，可以引起景观水体水质受污染的主要途径是大气沉降、降雨污染、枯枝落叶和游客丢弃物及污水排放。大气沉降，降雨污染是主要的污染源。为了尽量减少这些污染源，需要相应的措施来保障，具体措施如下：

（1）生态护岸。生态护岸是利用植物或者植物与土木工程相结合，对河道坡面进行防护的一种新型防护形式。景观水体岸线的污染物质和砂砾石等由于风力、雨水或人为因素会大量进入景观水体内，水体容易浑浊，水质变差。生态护岸的建立，可以较好地固定在沿岸松散的泥土，防止水土流失，同时也能在充分利用自然地形和地貌的基础上，建立起阳光、水体、生物、土壤、岸体之间互惠互存的滨岸生态系统，并通过土壤微生物和绿化植物形成一条良好的生物链，吸收和净化污染物质，减少输入水体的污染物数量。

目前，白河、怀河两岸已做了硬化和加固处理，很好地防止河岸的水土流失，避免了因水土流失造成的污染。尽管硬化护岸防止了水土流失，但是，从生态角度来讲是不符合要求的。因为河岸硬化割断了水陆生物的联系，造成水边生物多样性很难形成，水中的生物链建立不起来，水体自净能力大大减弱。

（2）引水暗沟。生态护岸虽然对雨水有蓄流拦截、对土壤有防止流失的作用，但一旦

153

暴雨、大雨降临，对雨水的蓄流拦截作用也有一定的限度，而景观水体附近人类活动较多，路面一般较脏，大量的冲刷雨污，特别是初期雨污，还是会直接进入水体，污染水质。因此，有必要在水体四周修建与岸线持平的引水暗沟，专门收集初期冲刷雨污水或平时可能会进入水体的脏水。引水暗沟可与水体溢水沟相连，最终接入市政下水道，这样既能减少外来污染物质输入水体，又不会影响景观水体的视觉效果。

（3）生物防治。景观水体中的微生物、水生植物和水生动物在水体生态系统中，分别充当着分解者、生产者和消费者的角色，占据着极其重要的生态位置，从生态学观点分析，只有水体中各种生物之间与环境之间互相适应，物质流和能量流才能顺畅疏通，形成良性水生生态系统，维持生态平衡。可见，景观水体中污染物质输出的关键环节在于充分利用水体中各种生物对污染物的吸收、分解、迁移和转化等净化作用，核心内容则是通过合理配比和提供合适的生存条件使各种生物互惠互存、协同共生，营造出一个良性循环的水生生态系统。

（4）强化复氧。以再生水补给为主的河道水体，由于常处于缺氧状态，而使得水体发黑变臭。通过资料分析，实地调研及室内实验，水体曝气净化技术通过向河道充氧，可增强河道的自净能力，改善水质、恢复河道的生态环境。强化复氧分为自然复氧和人工复氧。前者主要利用水生植物和藻类的光合放氧作用补充水体氧分，也可以通过加强水体循环流动、设计跌水瀑布来增强天然复氧的效果；后者主要采用人工曝气、设置喷泉以及补充含氧量丰富的洁净水等措施。

（5）水面保洁。河道附近居民及游人随意丢弃的垃圾，此外，植物的落叶也会漂落到水面上。这些垃圾、食品碎片、枯枝落叶和水面降尘黏附在一起，形成一层灰褐色污染层在水面上，极大地影响了水体的观瞻和水质。水面保洁可以有效避免垃圾和枯叶等在水体中腐败，污染水质。需配备专门的保洁员来处理。

（6）维护管理。在景观水体维护中，具备良性景观水体生态系统是保持水体洁净的关键。必须确保生态系统中各物种生长良好、配比合理，这就应定时监测系统内物种及其数量的变化，补充或除去相应物种，维持系统平衡。定时检验的设备包括机、泵、管、阀、电控设备等。定时水质监测的意义在于可以充分了解水体水质情况，及时归纳总结使用措施的效果和预测水体动态变化的趋势。如测试指标有变差现象，则可为立即采取有效措施改善水体提供依据。

12.3　再生水排入水源区河道的管理措施

12.3.1　我国再生水利用管理现状及问题

1．我国再生水利用法规和标准

近年来，国家对城市污水处理回用工作给予高度重视，在《中华人民共和国水法》（2002）、《中华人民共和国水污染防治法》（2008）、《中国 21 世纪初可持续发展行动纲要》、《中国节水技术政策大纲》、《国家中长期科学和技术发展规划纲要（2006—2020）》、《节水型社会建设"十一五"规划》、《水利发展"十一"规划》等法律和文件中，均要大力推进城市污水回用，这些法律和文件颁布实施极大地推动了我国城市再生水开发利用和管理工作的进程。

截至 2010 年，专门针对城市污水处理回用的法规，国家层面的有原建设部颁布的《城市中水设施管理暂行办法》（建城字〔1995〕第 713 号）与《城市污水再生利用技术政策》（建科〔2006〕100 号）；地方层面有地方性法规 2 部，地方政府规章 10 部，地方规范性文件 10 部，涉及北京、天津、深圳、青岛、宁波等 11 座城市。北京市出台了《北京市中水设施建设管理试行办法》、《北京市排水和再生水管理办法》；天津市出台了《天津市城市排水和再生水利用管理条例》、《天津住宅及公建再生水供水系统建设管理规定》；宁波市出台了《宁波市城市排水和再生水利用条例》等。这些法规的实施为城市污水回用处理提供了法律保障，也为其他城市法规的制定提供了借鉴。

1998 年以来，国家加大对城市污水处理设施建设的投资力度，带动了地方和社会资金的投入，城市污水处理设施建设不断加快。随着城市污水处理厂和再生水利用工程规模的扩大，必然要求通过标准来强化管理，以促进、规范城镇污水处理厂的建设和再生水水质标准的建立。2003 年以来，国家先后出台了一系列再生水利用方面的标准（表 12-1），这些标准的颁布和实施填补了我国城市污水再生利用工程建设和再生水水质标准的空白，为再生水利用提供了技术依据和安全保障。

表 12-1　　　　　　　　　　　　近年来我国再生水利用相关标准

序　号	标　准
1	《污水再生利用工程设计规范》（GB 50335—2002）
2	《建筑中水设计规范》（GB 50336—2002）
3	《城镇污水处理厂污染物排放标准》（GB 18918—2002）
4	《污水处理厂工程质量验收规范》（GB 50334—2002）
5	《再生水水质标准》（SL 368—2006）
6	《城市污水再生利用分类》（GB/T 18919—2002）
7	《污水再生利用　城市杂用水水质》（GB/T 18920—2002）
8	《污水再生利用　景观环境用水水质》（GB/T 18921—2002）
9	《污水再生利用　地下水回灌水质》（GB/T 19772—2005）
10	《污水再生利用　工业用水水质》（GB/T 19923—2005）
11	《污水再生利用　农田灌溉用水水质》（GB 20922—2007）

2. 我国再生水利用管理中存在的问题

（1）缺乏地方性再生水利用标准。由于地方对再生水的水质缺少标准要求和技术处理要求，对不同用途的再生水处理程度缺少细致的规定和配套管理措施，难以保证再生水的多种用途对水质的要求，对再生水利用的推广形成了阻碍。目前污水回用还没有国家级的行业标准，补给地面或地下水源、工业、市政景观、小区杂用和农业灌溉等对水质的要求都不一样，行业标准对这些要求的体现尚欠完善。

目前国家颁布的《城市污水再生利用　景观环境用水水质》存在以下问题：①不适用于大规模利用再生水作为河道景观用水；②对于水生动、植物的安全及污染物在土壤中迁移累积问题未做重点考虑；③未考虑在水源区再生水作为景观用水，最终有部分再生水入渗回灌地下水，影响地下水环境，从而引起饮用水安全问题。而《城市污水再生利用　地下水回灌》只局限于回灌补给非饮用水含水层，因此该标准不适合水源区再生水回灌。

（2）城市给水、污水和再生水的设施管理不统一。目前我国大部分城市水务一体化管理工作尚处于起步阶段，污水处理回用监管各方主体不明确，职责不清，不能实现对再生水设施规划建设、行业监管、运营服务和推广使用等进行全过程的统筹考虑和系统管理，缺乏部门间的综合协调机制。在城市污水处理中，工业废水的监测由环保部门管理，城市污水处理由城建部门管理，且再生水的利用涉及水资源管理、卫生安全、农业等部门。因此，水的管理比较落后，给城市污水处理和再生回用带来较大的困难。

（3）缺乏公众参与管理和监督的机制。由于再生水属于非常规水，公众对再生水的相关信息缺乏了解、存有质疑。再生水的总量制定、生产、配置等过程很大程度上是政府计划性的，公众也很难参与和监督再生水的管理。由于缺少信息共享、信息反馈的平台和渠道，再生水使用过程以及使用后对生活、工业生产、生态环境的影响信息很难反馈到再生水的生产企业和管理部门，无法对再生水的生产、销售和管理工作产生推动的作用；对再生水出厂后到达使用终端的水质缺乏全过程监管，使再生水达不到使用标准而产生一些负面影响。

（4）缺乏再生水利用风险评价机制和突发事件应急管理制度。目前我国再生水的水质安全性、利用行业与区域等方面的监督管理机制还不健全，这一过程涉及的系列环境评价和经济评价技术尚不完善，缺乏对再生水利用的环境和健康风险进行细致、科学的风险评价。再生水排入河道作为景观用水对水体富营养化、细菌指标等方面防治技术研究还不深入；再生水长期利用是否对土壤、地下水、作物以及人体健康的风险也正处于探索阶段；再生水对工业设备是否会造成不利影响还有待进一步研究。现阶段再生水利用相关水质标准还不完善，再生水利用的应急管理制度还未完全建立，相关部门也没有制定再生水利用突发事件应急预案，这种现实情况对应对突发性再生水利用应急管理十分不利，再生水利用尚存在潜在的风险。

12.3.2　再生水排入水源区河道的各项管理措施

目前北京市已颁布《北京市排水和再生水管理办法》，但是再生水安全回用于水源河道，仍需依靠技术支撑、法律约束、制度规范、政策调节和社会动员，加强再生水排入河道的综合管理，建立科学决策机制，充分发挥政府对再生水安全利用的引导作用，促使其步入科学理性的发展轨道。

12.3.2.1　建立严格的再生水水质安全监督制度

污水回用的安全性在很大程度上不仅取决于其技术先进程度而且取决于污水资源化管理体系的科学性和有效性。因此要建立中水系统的水质管理档案和水质信息发布制度，完善污水回用的水质标准及对污水回用系统的监测和管理措施，防止发生二次污染。明确检测单位和职责、检测周期，使检测制度化，保证水质合格和使用者的安全。在水质监管过程中信息公开和公众参与制度非常重要。市政中水生产企业和使用建筑中水的单位及小区，应当定期公布水质信息以接受公众监督。政府部门进行水质监管的过程中可授权资质合格的第三方对再生水水质进行监测，授权消费者权益部门接受再生水用户的投诉并授权其他机构对企业的质量进行综合评估。而政府部门根据评估结果对污水再生利用企业实施相应的奖励或处罚。

北京市供水部门规定中水公司必须通过质量管理体系（1509001）、环境管理体系（15014000）和职业安全健康体系（OHS518000）三体系的综合认证工作，才能实现公司经营管理体系的标准化以及管理体系的持续改进和有效运行。为确保安全供水，再生水水质实行三级监督测试管理。北京市水务局负责再生水的水质监督，定期对再生水水质进行抽检。北京市排水监测总站每季度进行水质全面检测，北京市疾病预防控制中心定期对再生水的卫生指标进行监督检测，北京市排水集团监测中心每天进行常规检测，每周进行全面检测。另外中水公司监测站每天也要进行常规检测，以监督检查设施运行情况。为避免不合格中水对外供应，中水公司在每个中水加工厂的出水口安装实时在线检测系统对 SS、pH 值、余氯等水质指标进行实时监测，发现不合格立即返回重新处理。经营再生水销售的单位，必须与再生水使用单位签订供水合同。合同中应明确再生水的使用范围和水量，并注明不得私自改变用途或私自转卖。合同签订后要报同级水行政主管部门备案，并按月将再生水销售情况明细表报同级水行政主管部门。

12.3.2.2 建立和完善再生水利用管理的法规与标准体系

从产业政策、法规授权、部门职责、推广应用、法律责任等方面给予明确的可操作性强的法律保障，尽快建立和完善相应的政策、法规、技术标准等，把污水处理事业纳入法制化轨道，保证再生水回用系统的良性循环。对企业单位的用水行为进行限制，通过按照再生水的价格进行拨款等利益手段强制一些单位必须依法使用再生水，只有这样才能有力扩大再生水的使用范围。

12.3.2.3 加强统一管理，建立部门协作机制

参照水利部"三定"规定，积极落实城市污水处理回用管理职责，并进行有效的工作分配、指导和监督，综合运用法律、经济、行政等手段，及时解决再生水综合利用中的重大问题，推进再生水综合利用工程建设的有序发展；建立部门协作机制，理顺各部门的分工与协作，统筹推动污水处理回用设施建设、运行和管理，对出厂水质、管网布置、使用监管等统一协调管理。

12.3.2.4 制定落实公众参与和监督管理机制

在污水处理厂出来的水到达其他用途的过程中，各环节的专业管理人员都要加强监管力度，制定合理的管理规范，使再生水的安全维护有所保障；建立再生水系统的水质管理档案和水质信息发布制度，完善污水回用的水质标准及对再生水回用系统的监测和管理措施，防止发生二次污染；各级水行政主管部门应加强对城市污水处理回用设施，尤其是公共建筑和居民小区配套污水处理回用设施的监管，确保再生水使用安全。加强对水资源信息的收集、统计、汇总和分析工作，建立统一的水资源信息平台，提高再生水利用信息的透明度和科学性；通过各种宣传手段，提高公众对再生水资源的关注度，鼓励公众对再生水管理进行参与和监督。

12.3.2.5 建立再生水利用风险评价机制和突发应急管理制度

再生水主管部门应组织相关科研单位对再生水风险进行长期基础和跟踪研究；加强再生水回用于河湖补水，水源区还应对再生水入渗补给地下水进行长期监测和信息反馈；逐步建立再生水安全评价体系，加强安全性评估控制研究和应用，提出再生水的生物学指

标、标准和检测方法，为行业以及法律法规的制定提供依据。

再生水的安全管理涉及从水源、污水处理厂、再生水厂、管网到用户的诸多环节，相关部门应尽早制定污水再生利用突发应急管理预案，建立城市污水处理回用突发事件应急处置机制，明确污水处理、污水再生及输配水等各个环节的工作职责；加强再生水厂出水口的水质实时监测，一旦出现污染或水质严重不达标事故发生，应立即从供水水质保障、工程抢险维修、预备水源调度等几方面紧急开展工作，将用户由于水质水量波动而产生的损失降到最小，并将突发事件和应急处置措施报送当地水行政主管部门。

地方环保局或环境监测中心作为政府协调环境安全事务的部门，在整个安全预警系统中起着关键的作用。再生水厂的出水口设置在线检测，一旦有污染或水质严重不达标的情况发生，通过环保局或环境监测中心向再生水厂应急中心发出指令启动应急预案。

第 13 章 研 究 结 论 与 展 望

13.1 结论

（1）建立了研究区地表水、地下水和再生水利用监测体系，对研究区地下水水质进行了评价。通过历史钻孔资料收集、野外物探和现场监测井施工，探明了研究区地质和水文地质条件。通过 3 年的连续监测表明，密云再生水厂排放的再生水，已对部分区域地下水造成污染，主要超标污染物是 NO_3—N、NH_3—N，其中地下水水质为 Ⅳ 类与 Ⅴ 类的面积 11.2km^2，主要分布在河道周边。怀柔再生水厂排放的再生水，对浅层潜水含水层产生影响。鉴于研究区位于北京市重要地下水水源地——第八水厂水源地上游，建议全面建立密云再生水排放与地下水环境监管体系，同时对密云再生水厂进行升级改造，增加 A^2O 与臭氧活性炭工艺。

（2）全面检测了再生水和地下水中的无机、有机组分及主要特征污染物，确定了再生水用于水源区河道景观水质标准的范围与准则。结合北京市再生水水质实际情况选择水质控制指标 138 项，重点控制 NH_3—N、NO_3—N、NO_2—N、TP、三氯甲烷、DEHP 6 项指标。在综合对比分析国内外相关标准，充分考虑研究区水文地质条件的基础上，确定其限值。本研究首次提出了适合水源区环境景观的再生水水质安全控制标准及再生水利用制度建议，为北京市再生水安全利用提供相关技术支持。

（3）再生水中有机物检出 45 项，根据美国 EPA 标准，三氯甲烷与 DEHP 超标。再生水排放口附近的地下水监测井检出有机物 10 项，根据 EPA 标准，均未超标，说明研究区非饱和带对有机物有一定的吸附作用。

（4）采用同位素技术与地下水模型技术综合分析确定地下水补给源中再生水、大气降水比例，确定密云再生水对地下水的影响范围约 14km^2，怀柔再生水入渗区对地下水的影响范围约 12km^2。

（5）构建了地下水渗流及溶质运移数值模型，经识别和验证，模型可用于地下水环境预测；模型预测在现状受水条件下，河道受水 10 年后，两个再生水入渗尚未影响到第八水厂水源地。怀柔再生水入渗区对怀柔应急水源地的源水有一定影响，但未造成水质恶化的趋势。利用模型预测在南水北调进京的条件下，地下水水位持续下降，下降趋势有所缓和。

13.2 展望

再生水是指经适当处理后，达到一定的水质指标，满足某种要求，可以进行有益使用的水。再生水合理回用既能减少水环境污染，又可以缓解水资源紧缺的矛盾，是可持续发展战略的重要措施。与此同时，再生水入渗补给地下水也是一个世界性的尝试。实践经验表明：将符合水质要求的再生水入渗补给地下水含水层，可以有效增加地下水资源的存储量，并可以较好地利用含水层的储水空间，起到年度和年际间的调节作用。此外，地下水大量开采使得地下水水位不断下降，形成大规模的地下水漏斗区。如何利用非常规水源补给地下水，防止地下水水位过度下降和地面沉降，逐渐引起了人们的关注。但是限于经济和技术的原因，污水中污染物质难以有效去除，将会影响到供水安全。针对我国目前再生水入渗补给地下水的研究情况，其发展趋势可概括如下。

（1）再生水入渗研究涉及水文学、水文地质学、环境科学、卫生学、生物学等学科，是地表水—土壤—地下水资源转换研究领域的一个重要研究方向。开展这方面的研究，不仅对于揭示再生水入渗利用过程中的基本科学规律，而且对于促进多学科交叉发展具有重要意义。因此，多学科交叉，共同协作研究将是再生水入渗研究未来的趋势。

（2）再生水地表回灌补给地下水是一个系统工程，其水质安全保障体系包括再生水处理、地表水—土壤—含水层系统数学模型及回灌—开采方案设计、水质监控、安全评价技术以及回灌管理相关指南、法律、法规和标准，这些都将是未来研究的重点。

参 考 文 献

[1] 杨益. 我国再生水利用潜力巨大 [J]. 经济, 2010 (4): 64 – 65.

[2] 新一轮全国地下水资源评价结果 [EB/OL]. http://www.cigem.gov.cn/qingbao/No1/keyanch enguo/3.htm.

[3] 范庆莲, 戴岚, 刘文光, 焦志忠, 等. 2009 年北京市水资源公报 [R]. 北京: 北京市水务局, 2010.

[4] Fox. P. "Soil Aquifer Treatment: An Assessment of Sustainability" Mangement of Aquifer Recharge for Sustainablity [R]. AA, Balkema, Publishers. 2002.

[5] American Water Works Association Research Foundation (AWWARF). "An Investigation of Soil Aquifer Treatment for Sustainable Water Reuse [R]." 2001.

[6] Elizabeth Minor A, Brandon Stephens. Dissolved organic matter charac – teristics within the lake superior watershed [J]. Organic Geochemistry, 2008, 39 (10): 1489 – 1501.

[7] Jorg E Drewes, Peter F. Fate of nature organic matter (NOM) during groundwater recharge using reclaimed water [J]. Wat Sci Tech, 1999, 40 (9): 241 – 249.

[8] J O Skjemstad, M H B Hayes, R S Swift. "Changes in Natural Organic Matter During Aquifer Storage [M]. Management of Aquifer Recharge for Sustainability: A. A. Balkema Publishers. Lisse, 2002: 149 – 154.

[9] QUANRUD D M, HAFER J, KARPISCAK M M, et al. Fate of organics during soil – aquifer treatment: sustainability of re – movals in the field [J]. Water Research, 2003, 37: 3401 – 3411.

[10] RAUCH – WILLIAMS T, DREWES J E. Using soil biomass as an indicator for the biological removal of effluent – derived or – ganic carbon during soil infiltration [J]. Water Research, 2006, 40: 961 – 968.

[11] LIN C, ESHEL G, NEGEV I, et al. Long – term accumulation and material balance of organic matter in the soil of an efflu – ent infiltration basin [J]. Geoderma, 2008, 148: 35 – 42.

[12] 胡洪营, 魏东斌, 王丽莎, 等译. 污水再生利用指南, 北京: 化学工业出版社, 2008.

[13] 北京市环境科学研究院, 北京市水文总站, 北京市勘察设计院. 北京市平原地区地下饮用水源保护及防治技术指南 [R]. 2000.

[14] 于开宁, 郝爱兵, 李铎, 等. 石家庄市地下水盐污染的分布及污染机理 [J]. 地学前缘, 2001, 8 (1): 151 – 154.

[15] 王东胜, 沈照理, 钟佐燊, 等. 氮迁移转化对地下水硬度升高的影响 [J]. 现代地质, 1998, 12 (3): 431 – 435.

[16] 唐莲, 张晓童. 再生水灌溉土壤污染物运移规律的试验研究 [J]. 农业科学研究, 2007, 28 (1): 29 – 31.

[17] 罗泽娇, 靳孟贵. 地下水三氮污染的研究进展 [J]. 水文地质工程地质, 2002, 4: 65 – 69.

[18] 闫芙蓉, 邓清海, 潘国营. 陕西省冯家山灌区三氮转化机理实验研究 [J]. 西部探矿工程, 2003, (12): 163 – 165.

[19] 姜翠玲, 夏自强, 刘凌, 等. 污水灌溉土壤及地下水三氮的变化动态分析 [J]. 水科学进展, 1997, 8 (2): 183 – 187.

[20] 邱汉学, 刘贯群, 焦超颖. 三氮循环与地下水污染——以辛店为例 [J]. 青岛海洋大学学报,

1997，27（4）：533－538.

[21] 杨维，郭毓，王泳，等. 氨氮污染地下水的动态实验研究 [J]. 沈阳建筑大学学报（自然科学版），2007，23（5）：826－831.

[22] 阮晓红，王超，朱亮. 氮在饱和土壤层中迁移转化特征研究 [J]. 河海大学学报，1996，24（3）：51－55.

[23] 高秀花，陈鸿汉，李海明，等. 不同岩性对氨氮吸附影响的实验研究 [J]. 环境与可持续发展，2006（5）：55－57.

[24] 何星海，马世豪. 再生水补充地下水水质指标及控制技术 [J]. 环境科学，2004，25（5）：61－64.

[25] 程先军. 污水资源灌溉利用分析 [J]. 中国水利，2003，8：35－37.

[26] 郭瑾，彭永臻. 城市污水处理过程中微量有机物的去除转化研究进展 [J]. 现代化工，2007，27：65－69.

[27] AMMARY B Y. Wastewater reuse in Jordan：present statusand future plans [J]. Desalination，2007，211：164－176.

[28] BIXIO D，THOEYE C，KONING J D，et al. Wastewater re－use in Europe [J]. Desalination，2006，187：89－101.

[29] ASANOA T，COTRUVO J A. Groundwater recharge with re－claimed municipal wastewater：health and regulatory consid－erations. Water Research，2004，38（8）：1941－1951.

[30] ANGELAKIS A N，MARECOS do MONTE M H F，BON－TOUX L，et al. The status of wastewater reuse practice in theMediterranean Basin：need for guidelines [J]. Water Res，1999，3310：2201－2217.

[31] 李春光. 美国污水再生利用的借鉴 [J]. 城市公用事业，2009，23（2）：25－28.

[32] BIXIO D，THOEYE C，WINTGENS T，et al. Water recla－mation and reuse：implementation and management issues [J]. Desalination，2008，218：13－23.

[33] US Environmental Protection Agency. Guidelines for waterreuse [M]. Washington DC，EPA/625/R－04/108，2004.

[34] 中国国家质量监督检验检疫总局，中国国家标准化管理委员会. GB/T 19772—2005 城市污水再生利用地下水回灌水质 [S]. 2005.

[35] ZHU Z L. Nitrogen balance and cycling in agroecosystems of China [M]. London：Kluwer Academic Publishers，1997：323－330.

[36] PYNE R D G. Groundwater recharge and wells：a guide toaquifer storage recovery [M]. Boca Raton，Florida：Lewis Publishers，2002.

[37] SHENG Z P. An aquifer storage and recovery system with re－claimed wastewater to preserve native groundwater resources in El Paso，Texas [J]. Journal of Environmental Management，2005，75：367－377.

[38] XING G，YAN X. Direct nitrous oxide emissions from agricultural fields in china estimated by the revised 1996 IPCC guidelines for national greenhouse gases [J]. Environ Sci Policy，1999 [2]：355－361.

[39] LI Q，HARRIS B，AYDOGAN C，et al. Feasibility of re－charging reclaimed wastewater to the coastal aquifers of Perth，Western Australia [J]. Trans IChemE，Part B，ProcessSafety and Environmental Protection，2006，84（B4）：237－246.

[40] CAZURRA T. Water reuse of south Barcelona's wastewaterreclamation plant [J]. Desalination，2008，218：43－51.

[41] municipal effluent：Dan Region Reclamation Project，Israel [J]. Water Science and Technology，

1996，34（11）：227－233.

[42] KOPCHYNSKI T, FOX P, ALSMADI B, et al. The effects ofsoil type and effluent pretreatment on soil aquifer treatment [J]. Wat Sci Tech, 1996, 34 (11)：235－242.

[43] IDELOVITCH E, ICEKSON－TAL N, AVRAHAM O, et al. The long－term performance of soil aquifer treatment (SAT) for effluent reuse [J]. Water Supply, 2003, 3 (4)：239－246.

[44] RICE R C, BOUWER H. Soil－aquifer treatment using prima－ry effluent [J]. Journal WPCF, 1980, 51 (1)：84－88.

[45] DREWES J E, REINHARD M, FOX P. Comparing microfil－tration－reverse osmosis and soil－aquifer treatment for indirect potable reuse of water [J]. Water Research, 2003, 37, 3612－3621.

[46] FOX P, NARANASWAMY K, GENZ A, et al. Water quali－ty transformations during soil aquifer treatment at the mesa northwest water reclamation plant, USA [J]. Water Science and Technology, 2001, 43 (10)：343－350.

[47] FOX P, ABOSHANP W, ALSAMADI B. Analysis of soils to demonstrate sustained organic carbon removal during soil aq－uifer treatment [J]. J Environ Qual, 2005, 34：156－163.

[48] QUANRUD D M, HAFER J, KARPISCAK M M, et al. Fate of organics during soil－aquifer treatment：sustainability of re－movals in the field [J]. Water Research, 2003, 37：3401－3411.

[49] RAUCH－WILLIAMS T, DREWES J E. Using soil biomass as an indicator for the biological removal of effluent－derived or－ganic carbon during soil infiltration [J]. Water Research, 2006, 40：961－968.

[50] PAGE D, DILLON P, TOZE S, et al. Valuing the subsurface pathogen treatment barrier in water recycling via aquifers for drinking supplies [J]. Water Research, 2010.

[51] KORTELAINEN N M, KARHU J A. Tracing the decomposi－tion of dissolved organic carbon in artificial groundwater re－charge using carbon isotope ratios [J]. Applied Geochemistry, 2006, 21：547－562.

[52] 刘培斌. 北京市再生水开发利用问题与对策 [J]. 中国水利, 2007, 6：37－39.

[53] 周军，杜炜，张静慧，等. 北京市再生水行业的现状与发展 [J]. 水工业市场, 2009, 9：12－14.

[54] LIN C, ESHEL G, NEGEV I, et al. Long－term accumulation and material balance of organic matter in the soil of an efflu－ent infiltration basin [J]. Geoderma, 2008, 148：35－42.

[55] DIAZ－CRUZ M S, BARCELO D. Trace organic chemical contamination in ground water recharge [J]. Chemosphere, 2008, 72：333－342.

[56] ZHANG H, QU J, LIU H. Isolation of dissolved organimatter in effluents from sewage treatment plant and evaluation of the influences on its DBPs formation [J]. Separatio and Purification Technology, 2008, 64：31－37.

[57] MAHJOUB O, LECLERCQ M, BACHELOT M, et al. Estrogen, aryl hysdrocarbon and pregnane X receptors activitie in reclaimed water and irrigated soils in Oued Souhil are (Nabeul, Tunisia) [J]. Desalination, 2009, 246：425－434.

[58] WESTERHOFF P, PINNEY M. Dissolved organic carbo transformations during laboratory－scale groundwater recharge using lagoon－treated wastewater [J]. Waste Management, 2000, 20：75－83.

[59] 何星海，马世豪. 再生水补充地下水水质指标及控制技术 [J]. 环境科学, 2004, 25 (5)：61－64.

[60] JOHNSON J S, BAKER L A, FOX P. Geochemical transfor mations during artificial groundwater recharge：soil－water in teractions of inorganic constituents [J]. Wat Res, 1999, 33 (1)：

196 - 206.

[61] VANDENBOHEDE A, HOUTTE E V, LEBBE L. Waste quality changes in the dunes of the western Belgian coastal plain [J]. Applied Geochemistry, 2009, 24 (3): 370 - 382.

[62] GRESKOWIAK J, PROMMER H, MASSMANN G, et al. The impact of variably saturated conditions on hydrogeochemical changes during artificial recharge of groundwater [J]. Applied Geochemistry, 2005, 20: 1409 - 1426.